INTRODUÇÃO À SIMETRIA MOLECULAR

Guilherme de Souza Tavares de Morais
Regina Buffon

INTRODUÇÃO À SIMETRIA MOLECULAR

EDITORA UNICAMP

FICHA CATALOGRÁFICA ELABORADA PELO
SISTEMA DE BIBLIOTECAS DA UNICAMP
DIRETORIA DE TRATAMENTO DA INFORMAÇÃO
Bibliotecária: Maria Lúcia Nery Dutra de Castro – CRB-8ª / 1724

M792o Morais, Guilherme de Souza Tavares de
Introdução à simetria molecular / Guilherme de Souza Tavares de Morais e Regina Buffon. – Campinas, SP : Editora da Unicamp, 2024.

1. Simetria (Química). 2. Teoria dos grupos. 3. Espectros vibracionais. 4. Orbitais moleculares. I. Buffon, Regina. II. Título.

CDD – 541.22
– 512.2
– 541.28
– 547.128

ISBN 978-85-268-1629-9

Foi feito o depósito legal.

Direitos reservados a

Editora da Unicamp
Rua Sérgio Buarque de Holanda, 421 – 3º andar
Campus Unicamp
CEP 13083-859 – Campinas – SP – Brasil
Tel.: (19) 3521-7718 / 7728
www.editoraunicamp.com.br – vendas@editora.unicamp.br

Dedico a minha avó materna, Maria Nostar (*in memoriam*). Sua lembrança permanece viva e continua me inspirando e me fazendo persistir.

Guilherme de S. T. de Morais

Dedico a todos os alunos cujo entusiasmo ao longo de todos estes anos me encorajaram nessa empreitada.

Regina Buffon

Sumário

Prefácio

É com satisfação que apresentamos este livro dedicado à introdução à simetria molecular. Ele representa um esforço intencional e meticuloso para simplificar e tornar acessível um tópico inerentemente complexo e fundamental na química: a simetria molecular e a Teoria de Grupo.

A obra está cuidadosamente organizada em cinco capítulos, com o objetivo de estabelecer uma base sólida para a compreensão da Teoria de Grupo aplicada à simetria molecular, ao mesmo tempo que destacamos exemplos relevantes de sua aplicação.

No primeiro capítulo – Introdução à Teoria de Grupo –, introduzimos a definição matemática de "grupo" e apresentamos exemplos concretos de grupos de rotação, com ênfase nos de simetria de quadrados e cubos.

O segundo capítulo – Simetria molecular e grupos pontuais – aprofunda nossa exploração dos elementos de simetria, como reflexões, rotações e inversões. Nele, também, identificamos os grupos de simetria em moléculas e exploramos sua aplicação na determinação da polaridade e quiralidade.

Na sequência, concluindo os capítulos de fundamentos da Teoria de Grupo aplicada à simetria molecular, o terceiro capítulo – Representação de matriz e tabela de caracteres – é dedicado a uma discussão abrangente sobre a representação de matriz e à construção de tabelas de caracteres para grupos de simetria de moléculas. Apresentamos exemplos práticos, construindo tabelas de caracteres para grupos pontuais específicos, como o C_{2v} e o C_{3v}, aos quais pertencem, respectivamente, a água e a amônia.

Os dois últimos capítulos concentram-se na aplicação da simetria molecular na Espectroscopia Vibracional e na Teoria do Orbital Molecular. No capítulo 4 – Espectroscopia Vibracional –, exploramos a importância da simetria na interpretação de espectros vibracionais, identificando os modos normais de vibração e sua atividade em espectros de infravermelho e Raman.

Por fim, o último capítulo – Teoria do Orbital Molecular – adota uma abordagem sistemática na aplicação da simetria molecular para a construção de diagramas de energia de orbitais moleculares, abrangendo tanto moléculas diatômicas homonucleares quanto moléculas poliatômicas.

O livro foi concebido com a finalidade de oferecer uma abordagem didática que permita aos alunos de graduação e pós-graduação compreenderem os princípios fundamentais da simetria molecular. Nosso objetivo é desmistificar conceitos complexos e proporcionar uma experiência de aprendizado acessível e prática. Contudo, embora o livro apresente uma linguagem mais compreensível, mantemos um nível de formalidade adequado ao público-alvo, garantindo também que a profundidade técnica seja preservada.

Este livro é uma ferramenta valiosa para aqueles que buscam uma compreensão sólida da Teoria de Grupo aplicada à simetria molecular, bem como de suas aplicações na química. Convidamos você a se juntar a nós nesta jornada de aprendizado, em que diálogo entre autores e leitores é fundamental.

Esperamos que esta obra enriqueça sua compreensão da química e inspire seu progresso acadêmico.

Campinas, dezembro de 2023.

Capítulo 1

Introdução à Teoria de Grupo

A Teoria de Grupo é uma linguagem que descreve a formação de padrões de maneira elegante e completa, sendo utilizada desde sua forma mais robusta, por matemáticos, até a aplicação em problemas científicos. Neste capítulo, será realizada uma introdução a essa teoria, apresentando suas propriedades e introduzindo grupos de simetria, que serão utilizados no tratamento de muitos átomos e moléculas. Para mais informações sobre Teoria de Grupo, ou uma descrição matemática mais completa, vários livros podem ser consultados, entre eles: Tung (1985), Bassalo & Cattani (2008), Fazzio & Watari (2009) e Woit (2017).

1.1 Definição e propriedades

Um grupo G *pode ser definido como sendo um conjunto de elementos que deve conter um elemento de identidade e o inverso multiplicativo de cada elemento, e que possua a propriedade de multiplicação associativa.*

Além dos elementos $\mathrm{a}_1, \mathrm{a}_2, ..., \mathrm{a}_n$, a propriedade associativa exige que o grupo contenha uma regra de combinação de dois elementos que atendam a certas regras. Assim, a combinação dos elementos a_1 e a_2, nessa ordem, por exemplo, é chamada de produto e escrita como $\mathrm{a}_1\mathrm{a}_2$, e o grupo deve conter o elemento resultante desse produto.

O produto de dois números obedece a certas regras, que são diferentes do produto de dois vetores, que por sua vez é diferente do produto de duas matrizes, e vários outros exemplos podem ser dados, mostrando que tanto os elementos quanto as operações de um grupo G podem ser bem genéricos, indo desde números combinados por aritmética até matrizes combinadas por álgebra matricial, entre muitos outros exemplos, como os grupos de permutação que deram origem a essa teoria.

Um grupo de ordem h contém h elementos $a_1, a_2, ..., a_h$, com suas operações específicas, e atendem às seguintes propriedades, algumas das quais já citadas:

1. O elemento identidade deve fazer parte do grupo.

   Em um grupo de multiplicação de números, o elemento identidade é representado pelo número 1. Em um grupo de matrizes, o elemento identidade é representado pela matriz identidade I. Em Teoria de Grupo, o elemento identidade muitas vezes é representado pela letra E.

   Esse elemento identidade é um elemento neutro para o qual, de forma genérica, a relação (1.1) é válida, em que a_k é qualquer outro elemento do grupo:

$$Ea_k = a_k E = a_k \tag{1.1}$$

2. O produto de dois elementos, incluindo o produto do elemento por ele mesmo, deve fazer parte do grupo.

   Essa propriedade é chamada de *requisito de fechamento* do grupo.

   A ordem na qual o produto é escrito é importante, não sendo necessariamente comutativo o produto de dois elementos.

   Grupos que possuem a propriedade comutativa entre seus elementos são chamados de grupos abelianos e recebem esse nome em homenagem ao matemático norueguês Niels Abel, um dos precursores da Teoria de Grupo. Os grupos que não são comutativos são chamados de não abelianos.

3. A multiplicação associativa é válida para os produtos de elementos do grupo.

   Assim, para o produto de três elementos (a_1, a_2 e a_3), a igualdade

$$(a_1 a_2)\, a_3 = a_1\, (a_2 a_3) \tag{1.2}$$

   é válida.

4. O elemento inverso (ou recíproco) de cada elemento do grupo deve fazer parte dele.

   Se a_i é um elemento do grupo e $a_i^{-1} = a_k$ (em que a_i^{-1} denota o elemento inverso de a_i), então a_k também deve ser elemento do grupo. Para os elementos inversos, a relação (1.3) deve ser satisfeita.

$$a_i a_i^{-1} = a_i^{-1} a_i = E \tag{1.3}$$

Para completar a terminologia utilizada na Teoria de Grupo, é importante destacar que, se o grupo tiver um número finito de elementos, ele é chamado de *grupo finito*, o qual é mais bem compreendido que aquele que contém infinitos elementos, ou *grupo infinito*.

1.2 Exemplo de grupo

Este texto tem por objetivo estudar os denominados grupos de simetria, que consistem em grupos com elementos que transformam o espaço através de alguma regra, preservando a estrutura inicial. Assim, serão introduzidos como exemplos de um grupo as rotações possíveis de um quadrado que deixam a figura inalterada.

Considere o quadrado representado na Figura 1.1, colocado no plano cartesiano xy, e também um ponto genérico P, que está sobre o quadrado (para facilitar a descrição, o ponto P será colocado em um dos vértices).

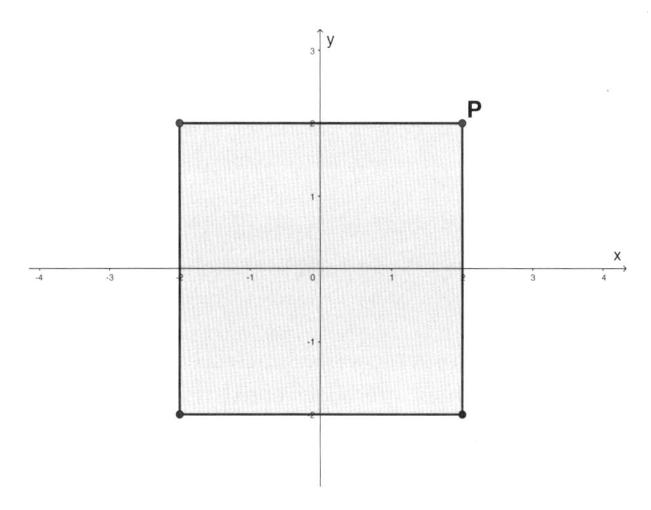

Figura 1.1: Visão bidimensional de um quadrado sobre o plano (x, y) com um ponto P assinalado em $(2, 2)$.

A propriedade (1) do elemento identidade é traduzida para o grupo de rotação como a rotação em 360°, deixando inalterado o quadrado, tomando o eixo de rotação como sendo perpendicular ao plano (x, y) e passando pela origem.

Agora, analisando o ponto P após a execução do elemento E, verifica-se que ele permanece na mesma posição: $(2, 2) \rightarrow (2, 2)$. Como as rotações podem ser no sentido horário ou anti-horário, adotaremos as rotações no sentido anti-horário como positivas.

A rotação de $+90°$ também deixa a figura inalterada, podendo ser considerada um elemento do grupo de rotação do quadrado, e será simbolizada por A. A operação de A altera o ponto P por: $(2, 2) \rightarrow (-2, 2)$.

É importante começar a se familiarizar com as mudanças causadas pela aplicação de um elemento a_k sobre um ponto porque, no decorrer do texto, haverá uma representação que utiliza matrizes para demonstrar a transformação de um ponto genérico no espaço por uma determinada operação de simetria (elemento do grupo de simetria).

Outros elementos do grupo, que podem ser obtidos em analogia com A, são as rotações em $+180°$ e em $+270°$, que alteram o ponto P por $(2, 2) \rightarrow (-2, -2)$ e $(2, 2) \rightarrow (2, -2)$, respectivamente. Esses elementos do grupo serão representados por B e C.

Dada a tridimensionalidade do espaço, considere que a Figura 1.1 é uma imagem de visão superficial sobre o eixo z, de tal forma que na Figura 1.1 não é possível perceber que o ponto P não está sobre o quadrado e sim sobre duas unidades acima do plano (x, y), conforme a Figura 1.2. A aplicação das operações A, B, C e E permanecem idênticas e, por completude, o ponto P se altera por:

$$\begin{aligned} A &: (2,2,2) \rightarrow (-2,2,2), && [\equiv C_4]^1 \\ B &: (2,2,2) \rightarrow (-2,-2,2), && [\equiv C_2] \\ C &: (2,2,2) \rightarrow (2,-2,2), && \left[\equiv C_4^3\right] \\ E &: (2,2,2) \rightarrow (2,2,2), && [\equiv E] \end{aligned} \tag{1.4}$$

No entanto, outras quatro operações de simetria deixam o quadrado inalterado, mas modificam o ponto P. Duas operações consistem em rodar em $180°$ o plano (x, y), assumindo como o eixo de rotação os eixos cartesianos x e y. Tais operações serão chamadas de D e F, respectivamente.

Para completar as operações de rotação que deixam o quadrado inalterado, deve-se considerar, também, duas rotações do plano (x, y), mas tendo como eixo de rotação as bissetrizes dos eixos x e y, conforme mostrado na Figura 1.3. As operações sobre as bissetrizes r_1 e r_2 são denominadas G e H, respectivamente. O ponto P se altera pela aplicação das operações D, F, G e H por:

1 O símbolo entre colchetes é a representação do elemento de simetria que será mostrado no capítulo 2.

$$\begin{aligned}
D &: (2,2,2) \rightarrow (2,-2,-2), \quad \left[\equiv C_2'(x)\right]^2 \\
F &: (2,2,2) \rightarrow (-2,2,-2), \quad \left[\equiv C_2'(y)\right] \\
G &: (2,2,2) \rightarrow (-2,-2,-2), \quad \left[\equiv C_2''(r_1)\right] \\
H &: (2,2,2) \rightarrow (2,2,-2), \quad \left[\equiv C_2''(r_2)\right]
\end{aligned} \tag{1.5}$$

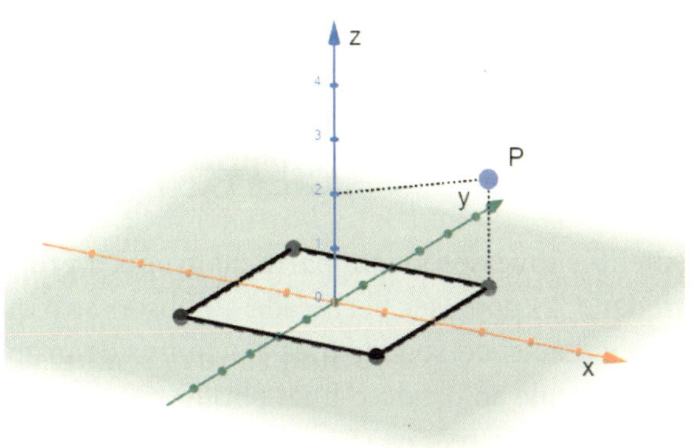

Figura 1.2: Visão tridimensional de um quadrado com um ponto P assinalado em (2, 2, 2).

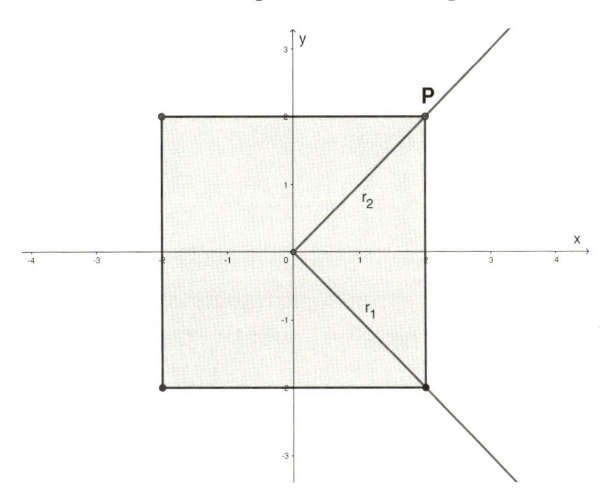

Figura 1.3: Visão bidimensional de um quadrado sobre o plano (x, y) com um ponto P assinalado em (2, 2) e retas bissetrizes r_1 e r_2.

2 O símbolo entre colchetes deve ser interpretado como uma rotação C_2 (notação apresentada no capítulo 2) em torno do eixo de rotação entre parênteses.

A propriedade (4) do elemento inverso aplicada sobre o ponto P para cada um dos elementos do grupo é tal que:

$$\begin{aligned} A^{-1} &: (2,2,2) \rightarrow (2,-2,2), & B^{-1} &: (2,2,2) \rightarrow (-2,-2,2) \\ C^{-1} &: (2,2,2) \rightarrow (-2,2,2), & D^{-1} &: (2,2,2) \rightarrow (2,-2,-2) \\ E^{-1} &: (2,2,2) \rightarrow (2,2,2), & F^{-1} &: (2,2,2) \rightarrow (-2,2,-2) \\ G^{-1} &: (2,2,2) \rightarrow (-2,-2,-2), & H^{-1} &: (2,2,2) \rightarrow (2,2,-2) \end{aligned} \tag{1.6}$$

e essas operações indicam que os elementos inversos dos elementos A até H são:

$$\begin{aligned} &A^{-1} = C, \quad B^{-1} = B, \quad C^{-1} = A, \quad D^{-1} = D \\ &E^{-1} = E, \quad F^{-1} = F, \quad G^{-1} = G, \quad H^{-1} = H \end{aligned} \tag{1.7}$$

Como os elementos inversos fazem parte do grupo, a propriedade (4) é respeitada. A propriedade (2) pode ser verificada ao observar o que acontece com o ponto P após a aplicação sucessiva de dois elementos do grupo e encontrando a operação que corresponde ao produto final obtido. Como o grupo possui até o momento oito elementos, existem 64 (8×8) possíveis combinações para serem encontradas. Para exemplificar, são mostradas as transformações dos três produtos abaixo:

a) $DH = (2,2,2) \rightarrow (2,2,-2) \rightarrow (2,-2,2) = C$

b) $CC = (2,2,2) \rightarrow (2,-2,2) \rightarrow (-2,-2,2) = B$

c) $DH = (2,2,2) \rightarrow (-2,2,-2) \rightarrow (2,2,-2) = H$

Observe que, para realizar essas transformações, foi necessário aplicá-las a um ponto P. Logo, deve-se realizar a transformação mais à direita no ponto P e, então, aplicar a operação da esquerda no novo ponto P'. Todas as outras 61 combinações podem ser encontradas na Tabela 1.1, em cujas linhas estão o primeiro elemento multiplicativo e, nas colunas, o segundo elemento multiplicativo.

Talvez uma maneira mais lúdica de construir a Tabela 1.1 seja com o auxílio de um cubo de papel. Construa seu cubo e pinte uma de suas extremidades. Adote uma posição de origem para a extremidade pintada, que representará o elemento identidade. Adota-se como identidade o cubo cuja extremidade pintada está no canto superior direito na face da frente. Considere que existe um sistema de coordenadas cartesianas no centro do cubo e realize todas as operações, de A até H, partindo da mesma posição de origem. Faça um esquema mostrando para onde a extremidade pintada foi após a realização de cada operação. Para facilitar seu trabalho, o esquema já foi feito e está representado na Figura 1.4.

	A	**B**	**C**	**D**	**E**	**F**	**G**	**H**
A	B	C	E	H	A	G	D	F
B	C	E	A	F	B	D	H	G
C	E	A	B	G	C	H	F	D
D	G	F	H	E	D	B	A	C
E	A	B	C	D	E	F	G	H
F	H	D	G	B	F	E	C	A
G	F	H	D	C	G	A	E	B
H	D	G	F	A	H	C	B	E

Tabela 1.1: Tabela de multiplicação dos elementos de D_4.

Esse esquema será extremamente útil para construir a Tabela 1.1. Por exemplo, considere que se deseja conhecer o resultado de DG. Pegue o seu cubo partindo da posição de origem e realize a primeira operação à direita (operação G). Em seguida, partindo da posição obtida, realize a segunda operação à direita (operação D). Por fim, compare o arranjo final com os esquematizados na Figura 1.4 e verifique qual configuração foi obtida e, assim, você encontrará o resultado DG = A. A Figura 1.5 representa esse procedimento de forma mais lúdica e permite que o resultado da operação ABCDF, por exemplo, seja obtido facilmente. No entanto, não é sempre que você terá um cubo disponível em suas mãos para realizar esse procedimento, e treinar sua visão tridimensional representando as operações como a mudança de pontos genéricos no espaço tridimensional, como feito anteriormente, é necessário.

A nomenclatura do grupo contém as rotações possíveis que deixam um quadrado de forma inalterada e recebe o nome de D_4 (essa nomenclatura será discutida mais tarde). Note que cada elemento aparece uma, e somente uma, vez em cada linha ou coluna.

Como nenhum outro elemento surge do produto dois a dois dos oito elementos originais, o requisito de fechamento do grupo é cumprido, e a propriedade (2), respeitada. De posse da Tabela 1.1, pode-se verificar que a propriedade (3) também é respeitada, conforme as exemplificações abaixo:

a) $ABC = (AB)\,C = CC = B$
   $ABC = A\,(BC) = AA = B$

b) $ADH = (AD)\,H = HH = E$
   $ADH = A\,(DH) = AC = E$

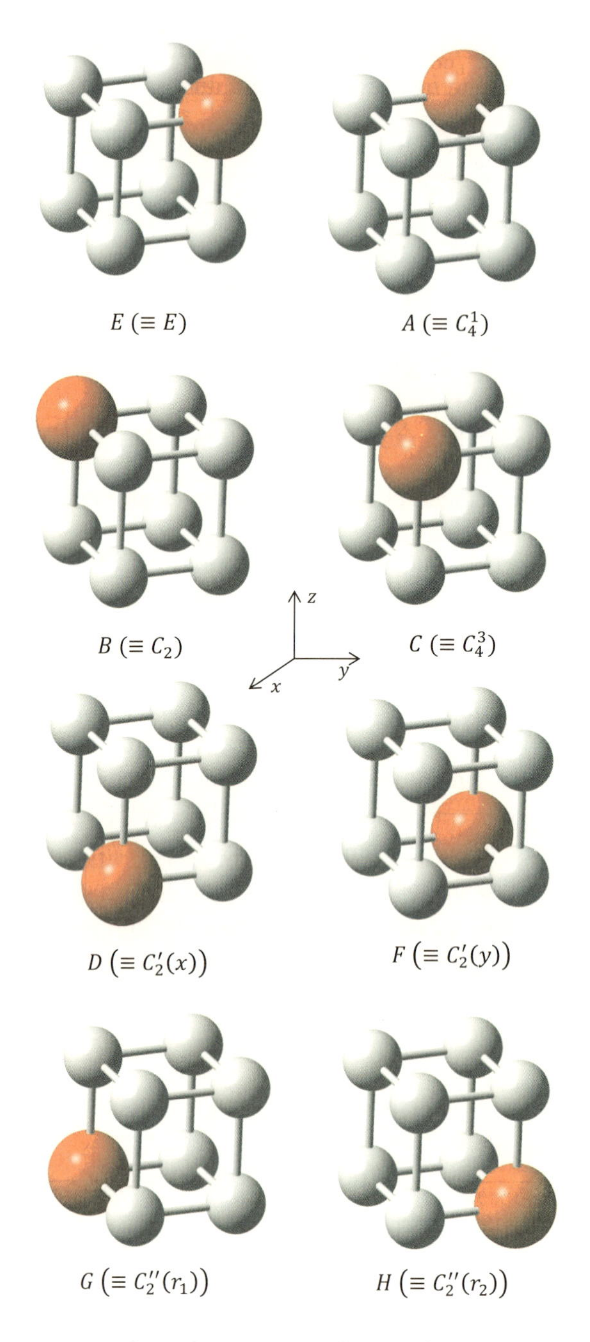

Figura 1.4: Arranjos dos cubos após a realização das operações de simetria.

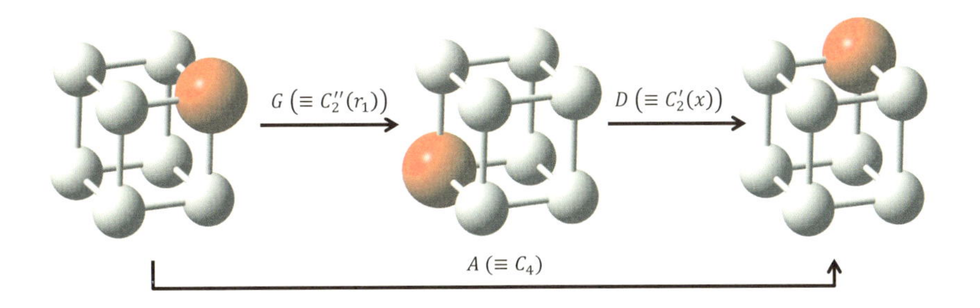

Figura 1.5: Arranjos dos cubos após a realização das operações de simetria DG.

De forma resumida, A, B, ...H são elementos de transformação tais que a combinação ou o produto de dois elementos consiste em sua aplicação sucessiva.

Como todas as propriedades são respeitadas, os elementos A, B, C, D, E, F, G, H, em conjunto, por definição, formam um grupo.

Esse exemplo foi utilizado para começar a familiarização com operações de simetria sobre figuras, já que se tem por objetivo aplicar grupos de simetria em moléculas. Também se optou por omitir algumas ilustrações mostrando passo a passo as alterações do ponto P para que você comece a treinar sua visão espacial, que será imprescindível para a aplicação da Teoria de Grupo na química.

Nesse exemplo, foram utilizadas nomenclaturas genéricas. No entanto, grupos de simetria que possuem como elementos transformações que deixam inalteradas as figuras, moléculas, desenhos geométricos, entre outros, têm uma nomenclatura e simbologia específica, que será tratada no próximo capítulo.

Uma matemática extremamente elegante pode ser desenvolvida e aplicada. No entanto, serão apresentadas apenas algumas formulações conforme a necessidade, tentando minimizar as inúmeras equações e deduções possíveis na Teoria de Grupo, e será iniciada agora a aplicação das ideias de grupo desenvolvidas neste capítulo aos grupos de simetria.

1.3 Exercícios

1.1 – Construa o grupo mais simples possível através das propriedades que um grupo deve ter.

1.2 – Construa o grupo com as rotações possíveis que deixam um triângulo inalterado através das propriedades que um grupo deve ter (esse grupo será denominado D_3). Construa a tabela de multiplicação dos elementos do grupo D_3.

1.3 – A partir do grupo D_3 construído, introduza o elemento que pegue todos os pontos localizados acima do triângulo e os leve para baixo do triângulo. Por exemplo, se o triângulo está no plano xy, esse novo elemento transforma um ponto (x, y, z) em $(x, y, -z)$. A partir das propriedades de um grupo, verifique se os elementos originais de D_3 e esse novo elemento são suficientes para formar um novo grupo. Caso não sejam, acrescente os elementos faltantes (esse grupo será denominado D_{3h}).

1.4 – A partir do grupo D_3 construído, introduza o elemento que leve todos os pontos para a posição oposta a eles, passando pela origem. Assim, esse novo elemento transforma um ponto (x, y, z) em $(-x, -y, -z)$. A partir das propriedades de um grupo, verifique se os elementos originais de D_3 e esse novo elemento são suficientes para formar um novo grupo. Caso não sejam, acrescente os elementos que faltam (esse grupo será denominado D_{3d}).

Capítulo 2

Simetria molecular e grupos pontuais

Assim como desenvolvido anteriormente no grupo de simetria das rotações que deixam o quadrado inalterado, este capítulo tem por objetivo formalizar os elementos de um grupo de simetria e sistematizá-los, permitindo o reconhecimento de elementos de simetria em figuras geométricas e, principalmente, em moléculas, além de descrever as operações de simetria que cada elemento realiza para que seja possível combiná-los. Se você ainda não estiver familiarizado com essas operações de simetria ou sentir alguma dificuldade em visualizar qualquer transformação descrita neste capítulo, utilize modelos moleculares e treine sua visão espacial. Para mais informações sobre simetria molecular, vários livros podem ser consultados, entre eles: Ladd (1998), Vincent & Vincent (2001) e Kunju & Krishnan (2015).

2.1 Elementos de simetria

A palavra *simetria* pode ser definida, segundo o *Dicionário Houaiss da língua portuguesa*, como

> "conformidade, em medida, forma e posição relativa, entre as partes dispostas em cada lado de uma linha divisória, um plano médio, um centro ou um eixo",

que se traduz, em uma linguagem artística, como a sensação de proporção e equilíbrio. A matemática define simetria, de forma mais precisa, como a invariância sobre transformações através de elementos de simetria, como um ponto ou uma linha, ou um plano.

Um objeto é considerado simétrico se puderem ser realizadas transformações que movam partes dele e, ao final, ele permanecer inalterado, e é essa propriedade chamada de *invariância*. Desse modo, um *grupo de simetria* é um grupo que reúne todos os elementos que transformam um objeto, o qual se torna invariante a tais transformações.

Logo, os *elementos de simetria* dos grupos de simetria devem obedecer às propriedades que definem um grupo, e associada a cada elemento do grupo há uma *operação de simetria* que descreve a ação desse elemento.

Elemento e operação são muitas vezes usados como sinônimos e confundidos, mas são duas coisas diferentes. Elemento é a entidade geométrica (ponto, linha, plano, espaço) em relação à qual uma ou mais operações de simetria podem ser realizadas, e operações de simetria são as ações que transformam os objetos e os deixam indistinguíveis dos originais.

As operações de simetria presentes nos grupos de simetria são: (1) identidade; (2) rotação própria; (3) reflexão; (4) inversão; (5) rotação imprópria. Na sequência, apresenta-se cada uma das operações de simetria, bem como seus elementos de simetria.

Vale lembrar que invariante tem o significado de deixar o objeto indistinguível e não tem necessariamente o significado de deixá-lo idêntico. Assim, alguns rótulos serão dados a vértices de figuras, átomos, entre outros, e, após a execução das operações de simetria, a posição espacial dos rótulos será alterada, mas o objeto como um todo ficará indistinguível da sua posição inicial.

2.1.1 Identidade

A operação de simetria do elemento identidade consiste em não fazer nada com a molécula (ou objeto), deixando-a inalterada. Esse elemento é fruto de uma propriedade de um grupo e, portanto, deve ser considerado. Como a operação de simetria consiste em não fazer nada, podemos dizer que o elemento de simetria da identidade é o próprio *espaço*.

A identidade é representada na notação de Schoenflies (que será a utilizada neste texto e é a mais utilizada na química) pela letra E, que vem do alemão *Einheit*, que significa unidade.

- Elemento de simetria: espaço
- Operação de simetria: identidade
- Símbolo: E

2.1.2 Rotação própria

Essa operação de simetria consiste em rodar a molécula (ou objeto) em torno de um eixo de rotação própria, no sentido anti-horário. Habitualmente, é omitida a palavra "própria" do eixo de rotação. O elemento de simetria dessa operação é o *eixo de rotação* (C_n), em que n é a ordem do eixo. A ordem do grupo é encontrada como sendo o valor de n que, após a rotação de 360°/n em torno do eixo, deixa a molécula indistinguível, e n deve ser necessariamente um número inteiro.

Considere a molécula BrF_5, indicada na Figura 2.1. Será adotada como posição inicial a molécula indicada no canto superior esquerdo. Girando a figura original em 90° em torno de um eixo passando pelo átomo de bromo e o átomo de flúor superior, deixa-se a molécula de forma indistinguível; assim, $n = 360°/90° = 4$. Portanto, há uma operação de simetria em torno do eixo de simetria C_4 na molécula BrF_5.

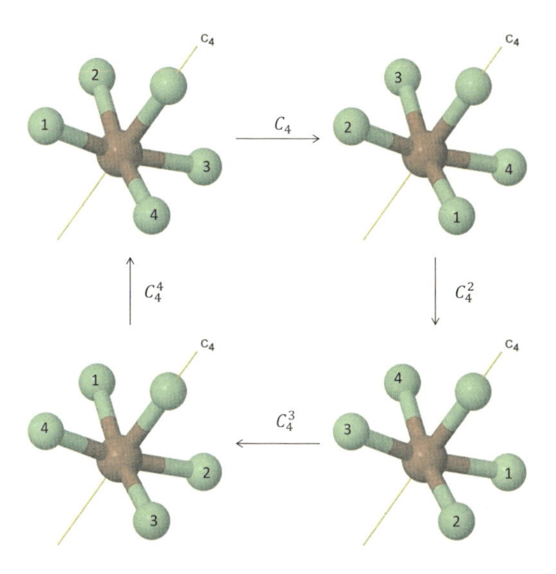

Figura 2.1: Aplicação sucessiva de rotações de 90° em torno do eixo C_4 na molécula BrF_5.

Outras três rotações de 90° sucessivas podem ocorrer em torno do mesmo eixo, deixando a molécula indistinguível. Essas operações são denominadas C_4^2, C_4^3 e C_4^4 (o índice (1) na primeira rotação é omitido $C_4^1 = C_4$). A operação C_4^2 é equivalente à rotação de 180° da molécula e é equivalente à aplicação da operação de simetria em torno de um eixo C_2, logo $C_4^2 = C_2$. A operação C_4^3 é uma rotação de 270° da molécula, mas não produz um número inteiro para n. Assim, a molécula de BrF_5 contém dois elementos de simetria C_4. A operação C_4^4 é equivalente à rotação de 360° da molécula e corresponde a deixar a molécula na sua posição original, logo $C_4^4 = E$.

Os elementos de simetria E, C_4, C_4^3 e C_2 por si sós constituem um grupo por atenderem a todos os requisitos de um grupo e é denominado grupo C_4. No entanto, esses não são os únicos elementos de simetria presentes na molécula BrF_5. Nessa molécula identificam-se, também, um eixo C_4 e um eixo C_2 que são coincidentes. Por definição, o eixo de maior ordem é o eixo principal da molécula e define o eixo z em um sistema cartesiano.

Embora não haja um número máximo para a ordem de um eixo, na prática, encontramos eixo de ordem 1 (idêntico à identidade) até eixo de ordem 8 (uranoceno).

- Elemento de simetria: eixo de simetria de ordem n
- Operação de simetria: rotação de 360°/n, no sentido anti-horário, em torno do eixo
- Símbolo: C_n

2.1.3 Reflexão

Essa operação de simetria consiste em refletir a molécula (ou objeto) sobre um plano de simetria. Logo, o elemento de simetria é o *plano* e a operação é a *reflexão*. Esse elemento é representado pelo símbolo σ.

Considere a molécula BrF_5, indicada na Figura 2.2. Será adotada como posição inicial a molécula indicada no lado esquerdo. O plano destacado permite que a molécula seja refletida de um lado para o outro e permaneça inalterada. Esse plano é chamado de plano *vertical*, porque contém o eixo de maior ordem, que é definido como eixo z, e é simbolizado por σ_v. A molécula BrF_5 contém outro plano σ_v, que passa pelo eixo C_4 e os átomos 1 e 3.

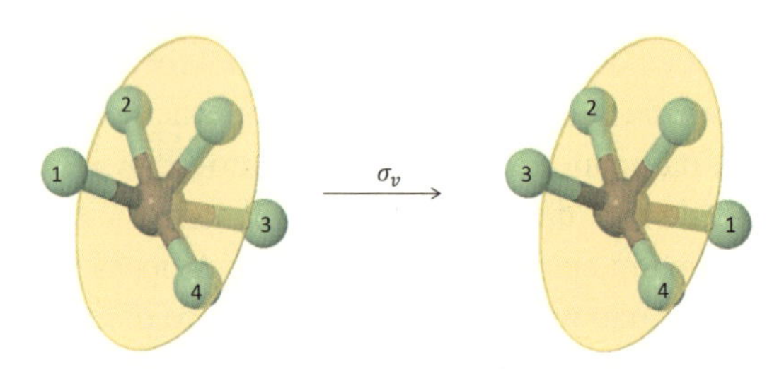

Figura 2.2: Reflexão da molécula BrF_5 sobre o plano σ_v.

Outros dois planos estão presentes na molécula BrF_5 e recebem um nome especial. Um deles está representado na Figura 2.3 e, embora também sejam planos verticais, eles passam pela bissetriz dos ângulos de dois eixos C_2 perpendiculares ao eixo de maior ordem e, por isso, recebem o nome de σ_d (o índice d vem de *diedral*). O outro plano σ_d é perpendicular ao indicado na Figura 2.3.

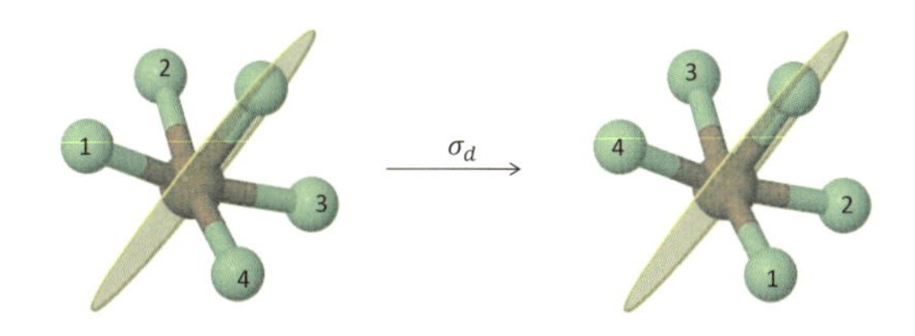

Figura 2.3: Reflexão da molécula BrF_5 sobre o plano σ_d.

Outro tipo de plano de reflexão é o plano perpendicular ao eixo de maior ordem, e é chamado de σ_h, em que o índice h vem da palavra *horizontal.* Esse tipo de plano não está presente na molécula BrF_5, mas está presente no ânion $[Re_2Cl_8]^{2-}$, mostrado na Figura 2.4.

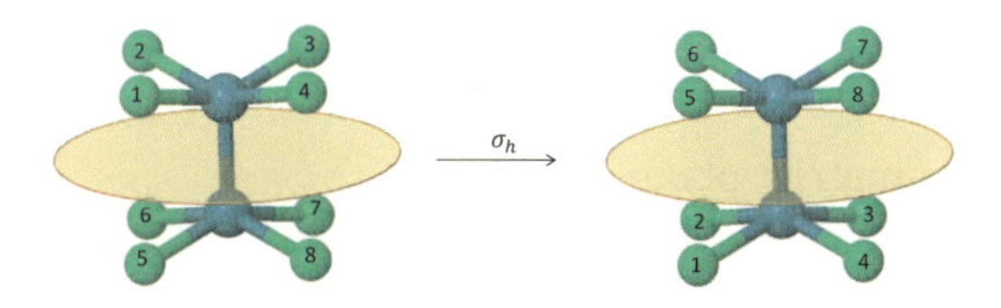

Figura 2.4: Reflexão do ânion $[Re_2Cl_8]^{2-}$ sobre o plano σ_h.

Embora a terminologia adotada para distinguir os planos de simetria em vertical, horizontal e diedral seja possível e pertinente para a maioria das moléculas, em alguns casos em que as moléculas apresentam três eixos C_2 não coincidentes e eles são os eixos de maior ordem, essa distinção não faz sentido. Assim, chama-se um determinado eixo de C_2 (z) e o plano perpendicular a esse eixo é então denominado σ(xy). Chama-se outro eixo de C_2 (x), por exemplo, e o plano que é perpendicular a esse eixo é chamado de σ(yz) e, por fim, o terceiro eixo e os planos resultantes são denominados C_2 (y) e σ(xz), respectivamente. A Figura 2.5 exemplifica essa terminologia utilizando o tetróxido de dinitrogênio como exemplo.

A aplicação sucessiva de reflexões é indicada por σ^n, em que n indica o número de vezes em que a reflexão é aplicada. A aplicação sucessiva da reflexão duas vezes deixa a molécula inalterada. Assim, $\sigma^2 = \sigma\sigma = E$. Uma vez que a propriedade associativa é válida, é possível mostrar que se n for par: $\sigma^{n} = E$, e se n for ímpar: $\sigma^{n} = \sigma$.

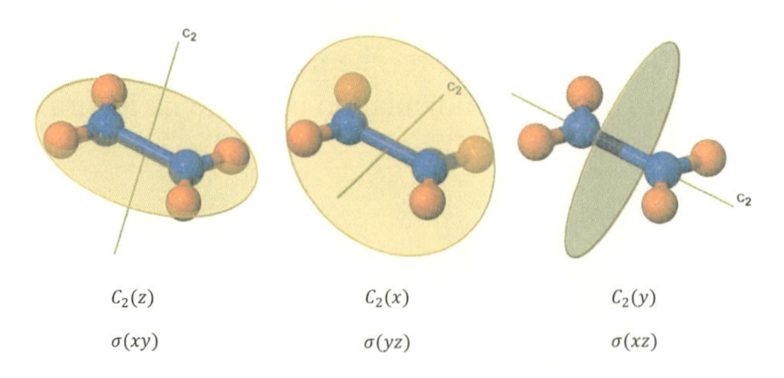

Figura 2.5: Eixos de rotação e planos de simetria em N_2O_4.

Quando mais de um plano de simetria está presente, e eles possuem a mesma classificação (vertical, diedral ou horizontal), mas a posição espacial é diferente, é necessário incluir algum sinal gráfico para diferenciá-los, e são colocadas aspas no segundo plano em diante. Assim, o segundo plano seria σ', o terceiro σ'' e assim sucessivamente. Mas, para diferenciá-los, é necessário verificar na referência utilizada quais são os eixos cartesianos que compõem cada um dos dois planos. Na água, por exemplo, neste texto os planos serão definidos como: σ_V (xz) e σ_V' (yz).

- Elemento de simetria: plano de simetria
- Operação de simetria: reflexão
- Símbolo: σ

2.1.4 Inversão

Essa operação de simetria consiste em inverter todos os pontos (x, y, z) da molécula em torno de um ponto, denominado centro de inversão, de tal forma que o ponto original seja alterado para (−x, −y, −z). Logo, o elemento de simetria é o *centro de inversão*, representado pela letra *i* (deve ser escrito em *itálico*), e a operação é a *inversão*. O tetróxido de dinitrogênio, assim como o ânion $[Re_2Cl_8]^{2-}$, apresenta centro de inversão, conforme exemplificado na Figura 2.6 para o ânion $[Re_2Cl_8]^{2-}$. O centro de inversão não precisa necessariamente estar sobre um átomo ou uma ligação química (pense no benzeno, por exemplo, e tente achar o centro de inversão dessa molécula).

A aplicação sucessiva de inversões é indicada por i^{n}, em que n indica o número de vezes em que a inversão é aplicada. A aplicação sucessiva da inversão duas vezes deixa a molécula inalterada; assim, $i^2 = ii = E$. Uma vez que a propriedade associativa é válida, é possível mostrar que se n for par: $i^n = E$, e se n for ímpar: $i^n = i$.

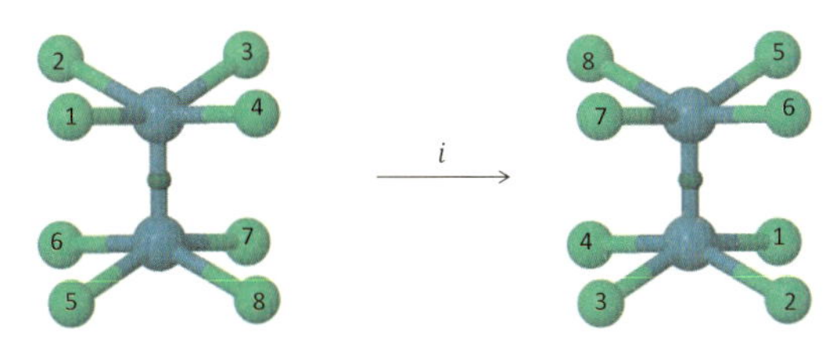

Figura 2.6: Inversão do ânion $[Re_2Cl_8]^{2-}$ em torno do centro de inversão destacado ao longo da ligação Re – Re.

Moléculas lineares possuem um número infinito de planos de simetria que passam através de todos os seus átomos. Moléculas lineares com centro de inversão apresentam, além do número infinito de planos de simetria, mais um plano de simetria que contém o centro de inversão e é perpendicular, simultaneamente, aos infinitos planos de simetria da molécula.

- Elemento de simetria: centro de inversão
- Operação de simetria: inversão
- Símbolo: *i*

2.1.5 Rotação imprópria

Essa operação de simetria consiste em girar a molécula em torno de um eixo em um ângulo de 360°/n e, então, refletir a molécula sobre um plano de reflexão perpendicular ao eixo de rotação. Assim, o elemento de simetria é o *eixo de rotação*, denominado eixo de rotação imprópria de ordem n, e a operação é a *rotação* seguida da *reflexão*. O eixo de rotação imprópria é representado por S_n.

Essa operação de simetria é a menos intuitiva, e o uso de modelos moleculares pode ajudar com sua familiarização. A Figura 2.7 mostra o processo de aplicação dessa operação de simetria no ânion $[Re_2Cl_8]^{2-}$. Embora o eixo S_4 presente no ânion seja coincidente com o eixo C_4, eles são dois elementos diferentes no grupo de simetria dessa espécie, uma vez que a disposição espacial obtida dos rótulos nos átomos após a aplicação do S_4 é diferente da disposição obtida tanto pela aplicação de C_4 quanto pela aplicação de σ_h.

Vale lembrar também que a molécula obtida no processo intermediário à operação de simetria (após a rotação) não precisa ser simétrica com a molécula original. Somente a molécula obtida após a conclusão da operação de simetria deve ser indistinguível da primeira. Esse é o caso do metano mostrado na Figura 2.8.

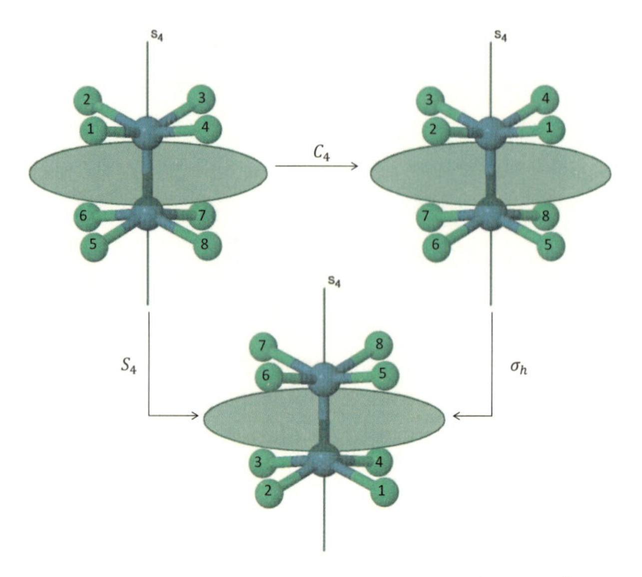

Figura 2.7: Rotação imprópria do ânion $[Re_2Cl_8]^{2-}$.

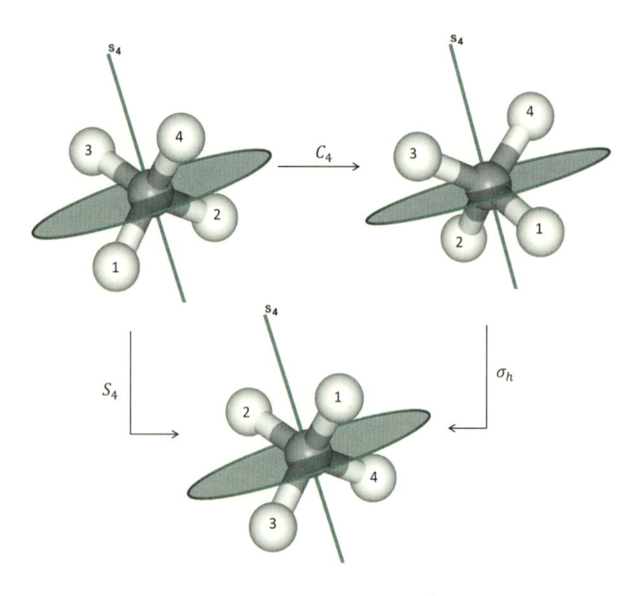

Figura 2.8: Rotação imprópria do metano.

É possível demonstrar que realizar primeiro a rotação e depois a reflexão leva ao mesmo resultado que a inversão dessa ordem. A definição da rotação imprópria não especifica a ordem das operações, só define que elas devem acontecer uma em sequência da outra.

Assim como na rotação era possível ocorrer rotações sucessivas, gerando C_4, C_4^2 (C_2), C_4^3 e C_4^4 (E), as rotações impróprias também podem gerar S_n, S_n^2, S_n^3, ..., S_n^n. Assim, S_n^2 significa realizar as operações C_2, σ_h, C_2, σ_h. Caso n seja par, $S_n^n = E$, já que $C_n^n = E$ e $\sigma^n = E$. Se n for ímpar, $S_n^n = \sigma$, uma vez que $C_n^n = E$ e $\sigma^n = \sigma$. O eixo de rotação imprópria S_1 é equivalente a σ, e o eixo de rotação imprópria S_2 é equivalente à inversão *i*.

Vale lembrar que não deve haver elementos repetidos em um grupo. Logo, para o eixo S_4 presente no grupo do ânion $[Re_2Cl_8]^{2-}$, devem ser colocados no grupo somente dois eixos de rotação imprópria (S_4 e S_4^3), uma vez que $S_4^2 = C_4^2 = C_2$ e $S_4^4 = E$, e os elementos C_2 e E já haviam sido colocados no grupo.

- Elemento de simetria: eixo de rotação imprópria de ordem n
- Operação de simetria: rotação de $360°/n$ em torno do eixo seguida de uma reflexão sobre o plano perpendicular ao eixo
- Símbolo: S_n

2.2 Grupos pontuais

Ao considerar as possíveis combinações de elementos de simetria e agrupar o conjunto de todos os elementos de simetria de uma molécula, forma-se um grupo denominado *grupo pontual*. Em uma definição mais purista, grupo pontual é um grupo de elementos de simetrias que mantêm constante pelo menos um ponto fixo, e pode-se verificar que os elementos de simetria citados mantêm pelo menos um ponto na sua posição original.

Existe uma enorme quantidade de grupos pontuais, mas serão citados apenas os que são mais importantes quimicamente. Serão enunciados os componentes do grupo e será dada uma visão espacial de algumas moléculas que pertencem ao grupo. Tente realizar as operações de simetria nas moléculas para treinar sua visão espacial e começar a caracterizar cada uma por seu grupo correspondente. Tente, também, encontrar algum outro elemento de simetria que não foi listado para poder se convencer de que o grupo está completo.

Os grupos que serão apresentados podem ser divididos em: (2.2.1) grupos finitos e (2.2.2) grupos infinitos. Os grupos finitos serão divididos em: (a) Grupos não axiais; (b) Grupos C_n; (c) Grupos D_n; (d) Grupos C_{nv}; (e) Grupos C_{nh}; (f) Grupos D_{nh}; (g) Grupos D_{nd}; (h) Grupos S_{2n}; (i) Grupos cúbicos. Os grupos infinitos, por sua vez, serão divididos em: (a) Grupo $C_{\infty v}$ e Grupo $D_{\infty h}$; (b) Grupo esférico.

No *site* <http://symotter.org> é possível visualizar as moléculas utilizadas como exemplo ao longo deste capítulo e executar as operações de simetria através de animações. Utilize-o sempre que considerar necessário.

2.2.1 Grupos finitos

(a) Grupos não axiais

Os grupos não axiais são os chamados grupos de baixa simetria, pois não possuem nenhum eixo de rotação própria com $n > 1$. Os grupos pontuais não axiais são:

- Grupo C_1: menor grupo pontual possível e contém como único elemento do grupo a identidade. Como exemplo do grupo, podemos citar o cloro-bromo-fluormetano, Figura 2.9a.
- Grupo C_s: apresenta apenas um plano de simetria, além da identidade. Como o eixo de rotação é um eixo C_1 (idêntico ao elemento identidade), esse eixo pode ser escolhido para ser perpendicular ao plano de simetria. Assim, os elementos desse grupo são: E e σ_h. Como exemplo, podemos citar o trans-1-bromo-2-cloroeteno, Figura 2.9b.
- Grupo C_i: apresenta apenas o centro de inversão, além da identidade. Assim, os elementos desse grupo são: E e i. É possível citar como exemplo desse grupo o 1,4-dibromo-2,5-diclorocicloexano, Figura 2.9c.

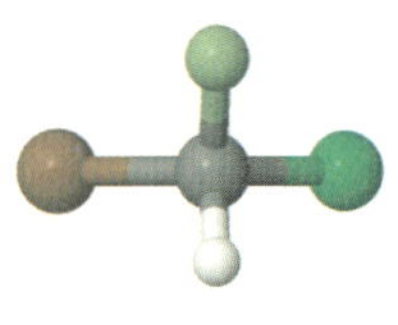

(a) cloro-bromo-fluormetano, C_1.

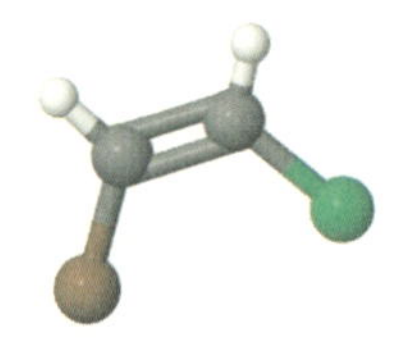

(b) trans-1-bromo-2-cloroeteno, C_s.

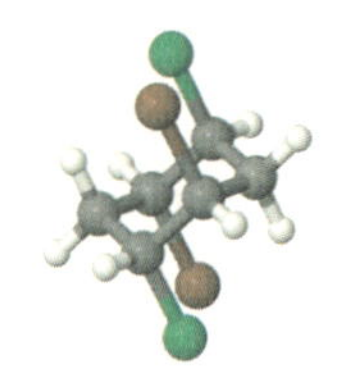

(c) 1,4-dibromo-2,5-diclorocicloexano, C_i.

Figura 2.9: Moléculas pertencentes aos grupos não axiais.

(b) Grupos C_n

Esses grupos possuem n rotações em torno de um eixo de simetria de ordem n, e os elementos do grupo são C_n, C_n^2, ..., $C_n^{(n-1)}$, $E\,(C_n^n)$. O grupo C_n é um grupo abeliano. É possível citar como exemplo desses grupos o peróxido de hidrogênio (que pertence ao grupo C_2), Figura 2.10a, a hidrazina (que pertence ao grupo C_2), Figura 2.10b, e a trifenilfosfina (que pertence ao grupo C_3), Figura 2.10c.

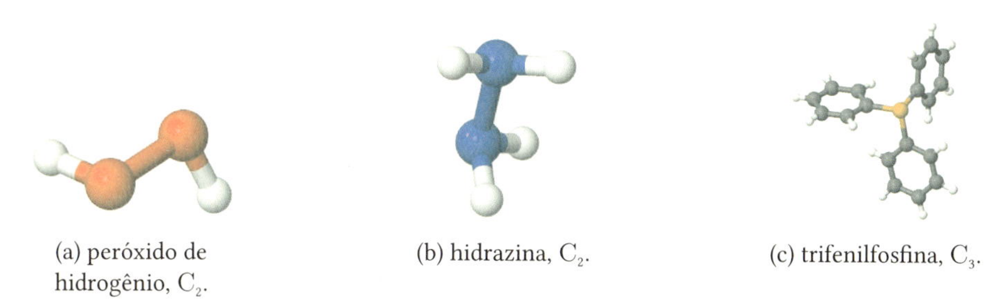

(a) peróxido de hidrogênio, C_2. (b) hidrazina, C_2. (c) trifenilfosfina, C_3.

Figura 2.10: Moléculas pertencentes aos grupos C_n.

(c) Grupos D_n

Esses grupos possuem as n rotações do grupo C_n e n rotações de 180° em torno de eixos C_2 perpendiculares ao eixo C_n. É possível citar como exemplo desses grupos o bis(benzeno)cromo "twisted" (que pertence ao grupo D_6), Figura 2.11.

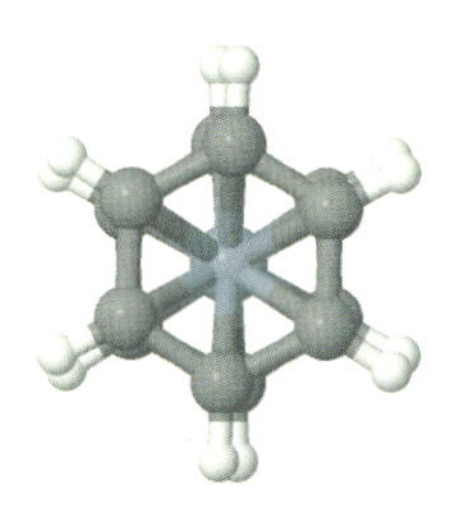

Figura 2.11: Molécula de bis(benzeno)cromo "twisted", pertencente ao grupo D_6 (vista de cima).

(d) Grupos C_{nv}

Esses grupos possuem as n rotações do grupo C_n e n reflexões σ_v em planos verticais que formam entre si ângulos de 180°/n. Como exemplo desses grupos, podem-se citar a água (que pertence ao grupo C_{2v}), Figura 2.12a, a amônia (que pertence ao grupo C_{3v}), Figura 2.12b, e o pentafluoreto de bromo (que pertence ao grupo C_{4v}), Figura 2.12c.

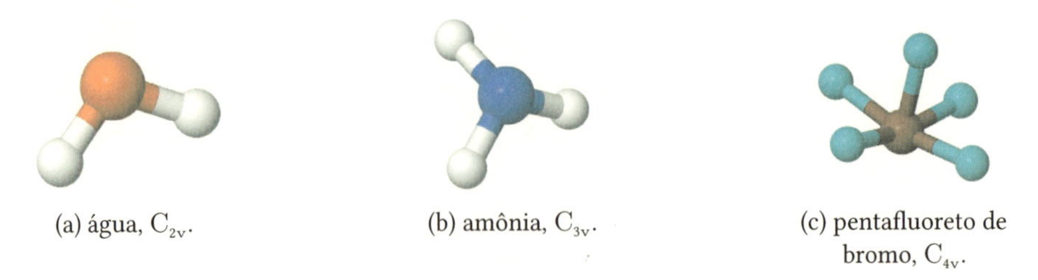

(a) água, C_{2v}. (b) amônia, C_{3v}. (c) pentafluoreto de bromo, C_{4v}.

Figura 2.12: Moléculas pertencentes aos grupos C_{nv}.

(e) Grupos C_{nh}

Esses grupos possuem as n rotações do grupo C_n e n rotações impróprias. O grupo C_{nh} é um grupo abeliano. É possível citar como exemplo desses grupos o trans-1,2-dicloroeteno (que pertence ao grupo C_{2h}), Figura 2.13a, e o ácido bórico (que pertence ao grupo C_{3h}), Figura 2.13b.

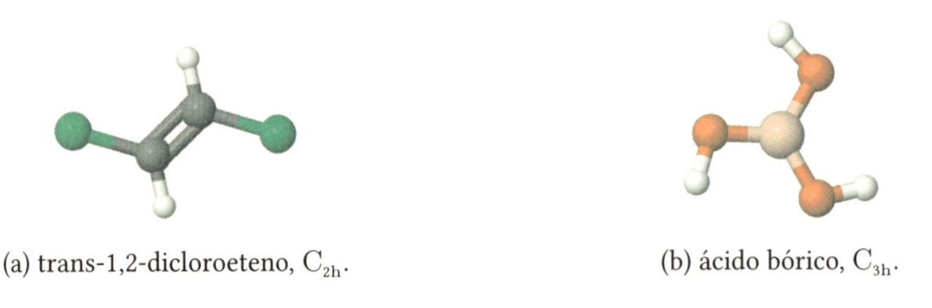

(a) trans-1,2-dicloroeteno, C_{2h}. (b) ácido bórico, C_{3h}.

Figura 2.13: Moléculas pertencentes aos grupos C_{nh}.

(f) Grupos D_{nh}

Esses grupos contêm 4n elementos: 2n elementos do grupo D_n e 2n elementos obtidos da aplicação de cada elemento de D_n seguido de σ_h. É possível citar como exemplo desses grupos a borana (que pertence ao grupo D_{3h}), Figura 2.14a, o tetracloroplatinato(II) (que pertence ao grupo D_{4h}), Figura 2.14b, e o ferroceno eclipsado (que pertence ao grupo D_{5h}), Figura 2.14c.

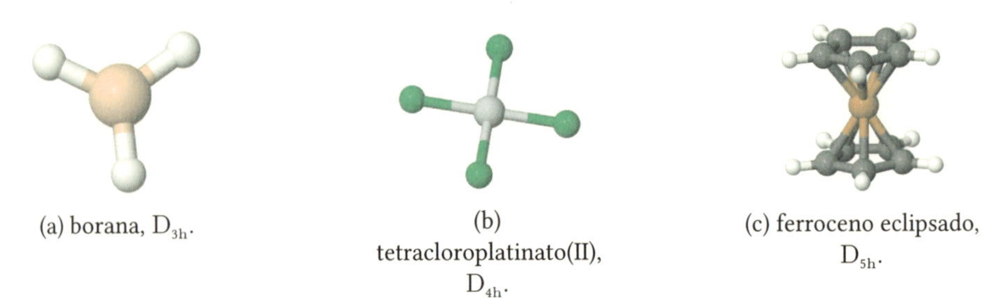

(a) borana, D_{3h}. (b) tetracloroplatinato(II), D_{4h}. (c) ferroceno eclipsado, D_{5h}.

Figura 2.14: Moléculas pertencentes aos grupos D_{nh}.

(g) Grupos D_{nd}

Esses grupos contêm 4n elementos: 2n elementos do grupo D_n e 2n elementos obtidos da aplicação de cada elemento de D_n seguido de σ_d. É possível citar como exemplo desses grupos o aleno (que pertence ao grupo D_{2d}), Figura 2.15a, o cicloexano na posição cadeira (que pertence ao grupo D_{3d}), Figura 2.15b, e o ferroceno estrelado (que pertence ao grupo D_{5d}), Figura 2.15c.

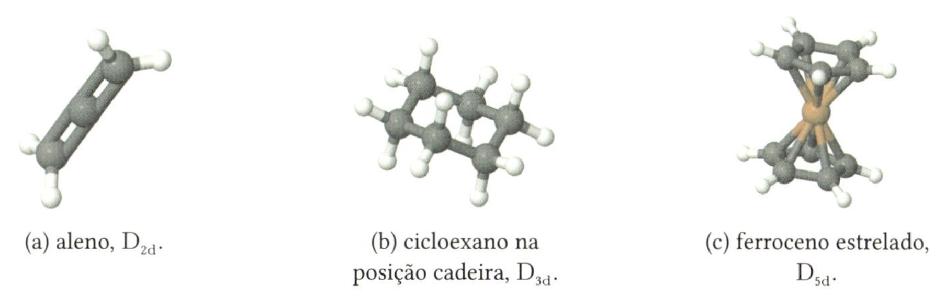

(a) aleno, D_{2d}. (b) cicloexano na posição cadeira, D_{3d}. (c) ferroceno estrelado, D_{5d}.

Figura 2.15: Moléculas pertencentes aos grupos D_{nd}.

(h) Grupos S_{2n}

Esses grupos contêm 2n eixos de rotação imprópria. O grupo S_n com n ímpar é o mesmo que o grupo C_{nh}. É possível citar como exemplo desses grupos o tetrabromoneopentano (que pertence ao grupo S_4), Figura 2.16.

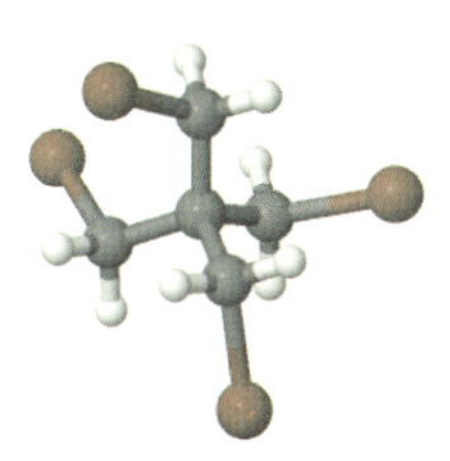

Figura 2.16: Molécula de tetrabromoneopentano, pertencente ao grupo S_4.

(i) Grupos cúbicos

Os grupos cúbicos são os chamados grupos de alta simetria, aos quais pertencem os grupos octaédrico e tetraédrico.

- Grupo T: apresenta rotação própria do tetraedro regular. Pertencem a esse grupo os elementos E, $4C_3$, $4C_3^2$, $3C_2$, e é possível citar como exemplo o cátion $\left[Ca\,(THF)_6\right]^{2+}$, Figura 2.17a.

- Grupo T_d: pertencem a esse grupo os 12 elementos do grupo T mais 12 elementos obtidos após a aplicação de σ_d em cada elemento do grupo T. Os 24 elementos desse grupo são E, $8C_3$, $3C_2$, $6S_4$, $6\sigma_d$, e é possível citar como exemplo o metano, Figura 2.17b.
- Grupo T_h: pertencem a esse grupo os 12 elementos do grupo T mais 12 elementos obtidos após a aplicação da inversão *i* em cada elemento do grupo T. Os 24 elementos desse grupo são E, $4C_3$, $4C_3^2$, $3C_2$, *i*, $4S_6$, $4S_6^5$, $3\sigma_h$, e é possível citar como exemplo o ânion $\left[Th(NO_3)_6\right]^{2-}$, Figura 2.17c.
- Grupo O: apresenta rotação própria do cubo, e pertencem a esse grupo os elementos E, $6C_4$, $3C_2\left(C_4^2\right)$, $8C_3$, $6C_2$.
- Grupo O_h: composto dos 12 elementos do grupo O mais 12 elementos obtidos após a aplicação da inversão *i* em cada um deles. Os 48 elementos desse grupo são E, $8C_3$, $6C_2$, $6C_4$,$3C_2\left(C_4^2\right)$, *i*, $6S_4$, $8S_6$, $3\sigma_h$, $6\sigma_d$, e é possível citar como exemplo o $Cr(CO)_6$, Figura 2.17d.

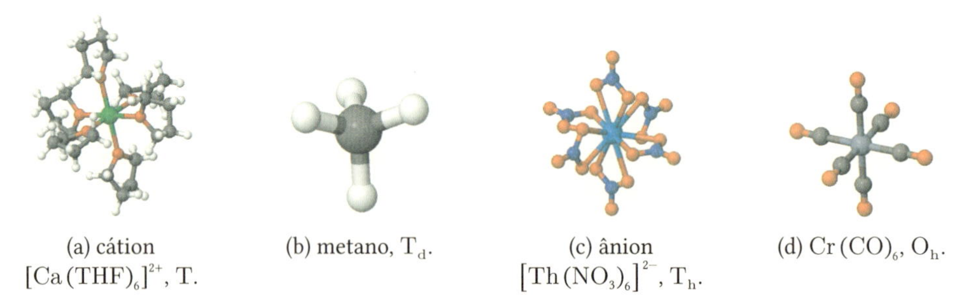

(a) cátion $[Ca(THF)_6]^{2+}$, T. (b) metano, T_d. (c) ânion $[Th(NO_3)_6]^{2-}$, T_h. (d) $Cr(CO)_6$, O_h.

Figura 2.17: Moléculas pertencentes aos grupos cúbicos.

2.2.2 Grupos infinitos

(a) Grupo $C_{\infty v}$ e Grupo $D_{\infty h}$

Pertencem a esses grupos as moléculas lineares, sendo que as que possuem centro de inversão são do grupo $D_{\infty h}$ e aquelas que não possuem centro de inversão são do grupo $C_{\infty v}$.

(b) Grupo esférico

Contém as operações de simetria de uma esfera, sendo chamado de grupo K_h (K vem do alemão *Kugel*, que significa esfera). Esse é o grupo dos átomos isolados.

Após essa longa lista de grupos pontuais, surge a dúvida de como fazer a atribuição de um grupo pontual a uma determinada molécula de maneira eficiente, já que encontrar todos os elementos do grupo e então classificá-la de acordo com a listagem acima seria um trabalho tedioso e algum elemento de simetria poderia ser facilmente esquecido. Assim como fazer a atribuição das geometrias moleculares pode em um primeiro momento parecer estranho, com muito treinamento essa atribuição se torna automática, e o mesmo acontece com a determinação do grupo pontual de cada molécula. Recomenda-se fortemente que você treine com os exemplos citados o procedimento descrito a seguir e exercite com novos exemplos.

Primeiramente, veja se a molécula é linear. Caso ela seja, se possuir centro de inversão, pertence ao grupo $D_{\infty h}$ e, caso não, ela pertence ao grupo $C_{\infty v}$. Em seguida, verifique se a molécula apresenta mais de um eixo de rotação C_n, não colinear, com $n > 3$, porque, se a molécula apresentar, ela pertencerá a algum grupo cíclico.

O próximo passo é encontrar o eixo de rotação própria de maior ordem da molécula. Caso esse eixo seja o C_1 (E), a molécula pertencerá a um grupo não axial e a atribuição do grupo adequado pode ser feita verificando a presença de um plano de simetria (grupo C_s) ou de um centro de inversão (grupo C_i); caso ela não tenha nem o centro de inversão, nem o plano de simetria, pertencerá ao grupo C_1.

Encontrado o eixo de maior ordem, verifique se há n eixos C_2 perpendiculares ao eixo principal. Se o eixo de maior ordem for um eixo C_2 e a molécula possuir mais de um eixo C_2, escolha um deles e verifique se na molécula há mais dois eixos C_2 perpendiculares. Caso a molécula tenha n eixos C_2 perpendiculares, ela pertencerá a um grupo diedral (grupos que começam com a letra "D"), caso contrário ela pertencerá a um grupo cíclico (grupos que começam com a letra "C" – vale lembrar que o grupo S_{2n} é um grupo cíclico).

Caso a molécula pertença a um grupo diedral, verifique se existe um plano perpendicular ao eixo de maior ordem (σ_h). Se houver, ela pertence ao grupo D_{nh}. Caso não haja planos (σ_h), verifique se existem n planos de reflexão que contenham o eixo principal (σ_d). Se houver, a molécula pertence ao grupo D_{nd}, e se não houver pertence ao grupo D_n.

Caso a molécula pertença a um grupo cíclico, verifique se existe um plano perpendicular ao eixo de maior ordem (σ_h). Se houver, a molécula pertence ao grupo C_{nh}. Caso não haja planos (σ_h), verifique se existem n planos de reflexão que contenham o eixo principal (σ_v). Se houver, a molécula pertence ao grupo C_{nv}. Caso não haja planos σ_h nem σ_v, verifique se o eixo C_n é um eixo S_{2n}. Se for verificado que ele é, a molécula pertence ao grupo S_{2n} e, no caso de o eixo C_n não ser um eixo S_{2n}, a molécula pertence ao grupo C_n.

Embora esse procedimento não encontre todos os elementos de simetria, ele permite que você classifique a molécula e, então, verifique que todos os elementos de simetria daquele grupo estão presentes nela. Um fluxograma pode ser montado com o esquema explicado anteriormente (Figura 2.18) e ser utilizado para encontrar o grupo pontual da molécula. No entanto, seria interessante treinar seu uso mentalmente.

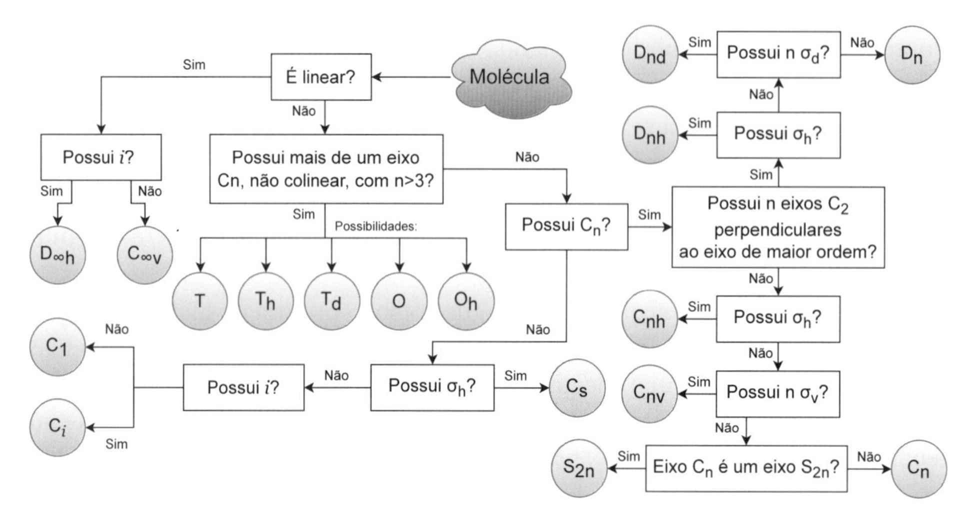

Figura 2.18: Fluxograma para identificar o grupo pontual de uma molécula.

2.3 Produto de elementos de simetria

Na apresentação das propriedades de um grupo, foi visto que o elemento resultante da aplicação sucessiva de dois elementos dele também deveria fazer parte do grupo; e o eixo de rotação imprópria S_n pode ser considerado o produto de dois elementos do grupo que gerou um terceiro, que não fazia parte dele. Isso explica o fato de esse elemento não ser tão intuitivo quanto os demais do grupo.

Assim como foi feito para os elementos do grupo de rotação do quadrado, podem-se construir tabelas de multiplicação que combinam dois elementos de um determinado grupo. Uma vez introduzida a nomenclatura adequada para os elementos de um grupo de simetria, a tabela para os elementos pertencentes ao grupo pontual D_4 pode ser reescrita de forma adequada.

Os elementos encontrados para esse grupo pontual são: E, C_4, C_4^2, C_4^3, $C_2^{'}(x)$, $C_2^{'}(y)$, $C_2^{''}(r_1)$ e $C_2^{''}(r_2)$. Os sobrescritos $'$ foram utilizados para separar os eixos de rotação que estão sobre o eixo (uma linha) dos que estão sobre a bissetriz (duas linhas). Entre parênteses é especificado o eixo ou a bissetriz em que tal operação está atuando.

Novamente, como o grupo contém oito elementos, existem 64 (8 × 8) possíveis combinações para serem encontradas. Para exemplificar, serão mostradas as transformações de três produtos. Caso seja necessário, volte à Figura 1.4 para concluir essas mudanças.

a) $C_2C_4^2 = (2,2,2) \rightarrow (-2,-2,2) \rightarrow (2,-2,2) = C_4^3$

b) $C_4^3C_2'(y) = (2,2,2) \rightarrow (-2,2,-2) \rightarrow (2,2,-2) = C_2''(r_2)$

c) $C_2'(x)\,C_2''(r_2) = (2,2,2) \rightarrow (2,2,-2) \rightarrow (2,-2,2) = C_4^3$

Todas as outras 61 combinações podem ser encontradas na Tabela 2.1, em que as linhas representam o primeiro elemento multiplicativo e as colunas, o segundo elemento multiplicativo.

	E	C_4	C_4^2	C_4^3	$C_2'(x)$	$C_2'(y)$	$C_2''(r_1)$	$C_2''(r_2)$
E	E	C_4	C_4^2	C_4^3	$C_2'(x)$	$C_2'(y)$	$C_2''(r_1)$	$C_2''(r_2)$
C_4	C_4	C_4^2	C_4^3	E	$C_2''(r_2)$	$C_2''(r_1)$	$C_2'(x)$	$C_2'(y)$
C_4^2	C_4^2	C_4^3	E	C_4	$C_2'(y)$	$C_2'(x)$	$C_2''(r_2)$	$C_2''(r_1)$
C_4^3	C_4^3	E	C_4	C_4^2	$C_2''(r_1)$	$C_2''(r_2)$	$C_2'(y)$	$C_2'(x)$
$C_2'(x)$	$C_2'(x)$	$C_2''(r_1)$	$C_2'(y)$	$C_2''(r_2)$	E	C_4^2	C_4	C_4^3
$C_2'(y)$	$C_2'(y)$	$C_2''(r_2)$	$C_2'(x)$	$C_2''(r_1)$	C_4^2	E	C_4^3	C_4
$C_2''(r_1)$	$C_2''(r_1)$	$C_2'(y)$	$C_2''(r_2)$	$C_2'(x)$	C_4^3	C_4	E	C_4^2
$C_2''(r_2)$	$C_2''(r_2)$	$C_2'(x)$	$C_2''(r_1)$	$C_2'(y)$	C_4	C_4^3	C_4^2	E

Tabela 2.1: Tabela de multiplicação dos elementos do grupo pontual D_4.

Observe que a tabela de multiplicação do grupo D_4 permite construir dois grupos pontuais menores, que obedecem às propriedades de existência de um grupo. Os grupos possíveis são C_1 e C_4. Os grupos formados a partir de um subconjunto de um dado grupo são denominados *subgrupos*. Logo, C_1 e C_4 são subgrupos do grupo D_4. A Tabela 2.2 é a tabela de multiplicação do grupo C_4.

A ordem g de um subgrupo deve ser sempre um submúltiplo inteiro da ordem do grupo que o originou (denominado *supergrupo*). Os submúltiplos do número a são os números b, tais que $a/n = b$, em que n e b são números inteiros. Logo, o número 8 possui os submúltiplos 8, 4, 2, 1. Como o grupo D_4 tem ordem 8, a

	E	C_4	C_4^2	C_4^3
E	E	C_4	C_4^2	C_4^3
C_4	C_4	C_4^2	C_4^3	E
C_4^2	C_4^2	C_4^3	E	C_4
C_4^3	C_4^3	E	C_4	C_4^2

Tabela 2.2: Tabela de multiplicação dos elementos do grupo pontual C_4.

ordem de cada um de seus subgrupos deve ser um submúltiplo de 8. Foi mostrado que seus subgrupos têm ordem 4 e 1.

Considere, agora, dois elementos de simetria A e B de um grupo e um terceiro elemento qualquer de simetria, R, que também pertence ao grupo. Se

$$B = R^{-1}AR \tag{2.1}$$

é dito que B é uma *transformação similar* de A por R e A e B são chamados de *conjugados* um do outro, define-se, então, uma *classe de simetria* como um subconjunto de membros do grupo que são conjugados entre si.

Algumas propriedades diretas podem ser obtidas a partir da definição de elementos conjugados e serão aplicadas ao longo desta obra. Entre elas destacam--se:

a) Todo elemento é seu próprio conjugado;

b) Se A é conjugado de B, então B é conjugado de A;

c) Se A é conjugado de B e C, então B e C são conjugados entre si.

O grupo D_4, formado por oito elementos, contém cinco classes de simetria: $\{E\}$, $\left\{C_4, C_4^3\right\}$, $\left\{C_4^2\right\}$, $\left\{C_2'(x), C_2'(y)\right\}$, $\left\{C_2''(r_1), C_2''(r_2)\right\}$. Em (2.2) é mostrado que $C_2'(x)$ e $C_2'(y)$ formam uma classe de simetria. Verifique, posteriormente, que $C_2''(r_1)$ e $C_2''(r_2)$ também formam uma classe, assim como C_4 e C_4^3.

Como $C_2'(x)$ e $C_2'(y)$ pertencem à mesma classe, ao agrupar os elementos de simetria em classes não faz sentido distingui-los em (x) e (y), uma vez que os membros de qualquer classe podem ser convertidos uns nos outros realizando uma das operações de simetria da molécula, não necessariamente da mesma classe, sobre eles.

$$
\begin{aligned}
&E^{-1}C_2^{'}(x)\,E = E^{-1}C_2^{'}(x) = EC_2^{'}(x) = C_2^{'}(x)\\
&C_4^{-1}C_2^{'}(x)\,C_4 = C_4^{-1}C_2^{''}(r_1) = C_4^{3}C_2^{''}(r_1) = C_2^{'}(y)\\
&C_4^{2^{-1}}C_2^{'}(x)\,C_4^{2} = C_4^{2^{-1}}C_2^{'}(y) = C_4^{2}C_2^{'}(y) = C_2^{'}(x)\\
&C_4^{3^{-1}}C_2^{'}(x)\,C_4^{3} = C_4^{3^{-1}}C_2^{''}(r_2) = C_4C_2^{''}(r_2) = C_2^{'}(y)\\
&C_2^{'}(x)^{-1}\,C_2^{'}(x)\,C_2^{'}(x) = C_2^{'}(x)^{-1}\,E = C_2^{'}(x)\,E = C_2^{'}(x)\\
&C_2^{'}(y)^{-1}\,C_2^{'}(x)\,C_2^{'}(y) = C_2^{'}(y)^{-1}\,C_4^{2} = C_2^{'}(y)\,C_4^{2} = C_2^{'}(x)\\
&C_2^{''}(r_1)^{-1}\,C_2^{'}(x)\,C_2^{''}(r_1) = C_2^{''}(r_1)^{-1}\,C_4 = C_2^{''}(r_1)\,C_4 = C_2^{'}(y)\\
&C_2^{''}(r_2)^{-1}\,C_2^{'}(x)\,C_2^{''}(r_2) = C_2^{''}(r_2)^{-1}\,C_4^{3} = C_2^{''}(r_2)\,C_4^{3} = C_2^{'}(y)
\end{aligned}
\tag{2.2}
$$

Contudo, nenhuma operação de simetria é capaz de ser convertida em outra operação pertencente a uma classe diferente, realizando qualquer operação de simetria nela. O mesmo vale para $C_2^{''}(r_1)$ e $C_2^{''}(r_2)$. Assim, escrevemos as classes do grupo pontual D_4 como:

$$E \quad 2C_4 \quad C_2\left(=C_4^{2}\right) \quad 2C_2^{'} \quad 2C_2^{''}$$

Esse arranjo de elementos de grupos pontuais por classes será importante ao discutir tabelas de caracteres.

2.4 Aplicações

Simetria molecular é de grande aplicabilidade na química ao investigar as propriedades dos compostos. A teoria aqui desenvolvida será aplicada em espectros vibracionais para a obtenção de propriedades moleculares. Também será utilizada a Teoria de Grupo para a construção de orbitais moleculares a partir de orbitais atômicos, e muitas informações poderão ser retiradas dos orbitais moleculares resultantes. No entanto, para tais aplicações será necessária a utilização de tabelas de caracteres, que serão apresentadas no próximo capítulo.

Duas aplicações mais diretas da Teoria de Grupo que podem ser destacadas é a investigação da polaridade e da quiralidade de moléculas.

2.4.1 Polaridade

Uma molécula é dita polar se ela possuir momento de dipolo permanente, o qual é resultante da soma vetorial dos momentos de dipolo das ligações. Assim, o cancelamento vetorial implica a perda do momento de dipolo permanente.

Considere, então, que uma molécula possua um plano de reflexão. Se ela tiver esse plano de reflexão, tudo o que estiver de um lado do plano deve ser simétrico ao que estiver do outro lado do plano e, consequentemente, há um cancelamento vetorial ao longo do espaço, excluindo o plano. Assim, se uma molécula for polar e apresentar um plano de reflexão, o momento de dipolo deverá estar sobre o plano.

Se uma molécula apresentar algum eixo de rotação (com $n > 1$), ela possuirá certa simetria no plano perpendicular ao eixo que sofrerá a rotação. Logo, se uma molécula possuir algum eixo de rotação, e possuir momento de dipolo, ele não poderá estar perpendicular ao eixo de rotação.

Se uma molécula apresentar centro de inversão, ela não poderá ser polar, uma vez que o centro de inversão implica uma simetria esférica ao longo de todo o espaço, impedindo o surgimento de qualquer momento de dipolo permanente.

Analisando os grupos pontuais discutidos anteriormente, vemos que somente as moléculas que pertencem aos grupos pontuais C_n, C_{nv} e C_s podem apresentar momento de dipolo elétrico permanente.

Caso uma molécula possua mais de um plano de simetria, o momento de dipolo permanente só poderá existir na intersecção dos planos. Considere a amônia, que tem três planos de simetria: o seu momento de dipolo permanente ocorre na intersecção dos planos, colinear com o eixo de rotação. O mesmo acontece com a molécula da água.

2.4.2 Quiralidade

Uma molécula é dita quiral se ela e sua imagem especular não forem superponíveis, e, por completude, uma molécula é aquiral se sua imagem especular for superponível a ela própria. As moléculas quirais, que são opticamente ativas, provocam uma rotação do sentido da luz polarizada, formando, juntamente com sua imagem especular, um par enantiomérico.

Como, para ser quiral, ela não pode ser superponível a sua imagem especular, ela não deve possuir nenhum plano de simetria, nem centro de inversão, pois esses elementos de simetria implicam sobreposição da imagem especular. As operações de simetria de rotações impróprias são formadas por uma operação de reflexão. Logo, são os planos de simetria que determinam a quiralidade da molécula. Vale lembrar que um plano de simetria é equivalente ao eixo de rotação imprópria S_1, e o centro de inversão é equivalente ao eixo de rotação imprópria S_2, ou seja, para a molécula ser quiral, ela não pode possuir nenhum eixo de rotação imprópria.

2.5 Exercícios

2.1 – Identifique os elementos e as operações de simetria.

2.2 – Determine o grupo pontual para cada uma das espécies abaixo (desenhe-as, mesmo que de forma esquemática, indicando os elementos de simetria):

$$CO_3^{2-}, NSF_3, XeF_4, PH_3, HCN, SO_3^{2-}, NHF_2,$$
$$PCl_3F_2, PCl_6^-, SF_4, POCl_3, SO_2Cl_2, SOF_4$$

2.3 – Identifique as mudanças que ocorrem no grupo pontual das moléculas abaixo conforme os seus ligantes são substituídos.

a) Molécula AB_3 trigonal ⟶ molécula AB_2X trigonal (em que um átomo B da molécula AB_3 foi substituído por um átomo X) ⟶ molécula ABX_2 trigonal (em que dois átomos B da molécula AB_3 foram substituídos por dois átomos X).

b) Molécula AB_3 piramidal ⟶ molécula AB_2X piramidal ⟶ molécula ABX_2 piramidal.

c) Molécula AB_4 tetraédrica ⟶ molécula AB_3X tetraédrica ⟶ molécula AB_2X_2 tetraédrica.

d) Molécula AB_4 quadrada ⟶ molécula AB_3X quadrada ⟶ molécula AB_2X_2 quadrada.

2.4 – Construa a tabela de multiplicação dos elementos do grupo pontual C_{2v}. Identifique os possíveis subgrupos desse grupo.

2.5 – Mostre que cada um dos elementos de simetria do grupo pontual C_{2v} pertence a uma classe diferente.

2.6 – Construa a tabela de multiplicação dos elementos do grupo pontual C_{3v}. Identifique os possíveis subgrupos desse grupo.

2.7 – Mostre como os 6 elementos de simetria do grupo pontual C_{3v} se organizam em 3 classes diferentes.

2.8 – Enuncie as condições de simetria que permitem decidir se uma molécula pode ou não ser polar.

2.9 – Enuncie as condições de simetria que permitem decidir se uma molécula pode ou não ser quiral.

2.10 – Defina, justificando, se as moléculas do exercício 2.2 são polares (ou apolares) e quirais (ou aquirais).

2.11 – Determine o grupo pontual das moléculas abaixo (desenhe-as, mesmo que de forma esquemática, indicando os elementos de simetria).

a) $[Cr(acac)_3]$ em que acac = acetilacetonato

b) $[Cr(gly)_3]$ em que gly = glicinato ($NH_2CH_2CO_2^-$) (desenhe ao menos dois isômeros geométricos)

c) cis-$[CoCl_2(en)_2]Cl$ em que en = etilenodiamina

2.12 – Utilizando argumentos de simetria, defina, justificando, se as moléculas do exercício 2.11 são polares (ou apolares) e quirais (ou aquirais).

Capítulo 3

Representação de matriz e tabela de caracteres

Muitos problemas envolvendo a Teoria de Grupo podem ser reformulados em termos de matrizes. Dessa forma, este capítulo tem por objetivo apresentar uma representação matricial dos elementos de simetria que compõem um grupo. Algumas propriedades importantes dessas matrizes serão apresentadas, e uma forma abreviada de apresentá-las, chamada de tabela de caracteres – que é de extrema aplicabilidade para interpretar espectros e construir orbitais moleculares –, também será introduzida. O tratamento matemático maciço para a construção das matrizes e das tabelas de caracteres será omitido. Para uma descrição matemática mais completa, vários livros podem ser consultados, entre eles: Cotton (1990), Bishop (1993), Walton (1998) e McWeeny (2002).

3.1 Revisão de matriz

Uma matriz de ordem $\mathrm{m} \times \mathrm{n}$ é uma tabela de $\mathrm{m} \cdot \mathrm{n}$ dígitos, dispostos em m linhas e n colunas, e é representada por $\mathbf{A}$ ou $\mathbf{A}_{\mathrm{m}\times\mathrm{n}}$. Representa-se por $\mathrm{a_{ij}}$ o elemento da linha i e coluna j, da matriz A de ordem $\mathrm{m} \times \mathrm{n}$. Outra representação possível de A é, então, $\mathbf{A} = \left(\mathrm{a_{ij}}\right)_{\mathrm{m}\times\mathrm{n}}$. A matriz $\mathbf{A}$ é apresentada como:

$$\mathbf{A} = \begin{bmatrix} \mathrm{a}_{11} & \mathrm{a}_{12} & \mathrm{a}_{13} & \cdots & \mathrm{a}_{1\mathrm{n}} \\ \mathrm{a}_{21} & \mathrm{a}_{22} & \mathrm{a}_{23} & \cdots & \mathrm{a}_{2\mathrm{n}} \\ \vdots & \vdots & \vdots & \ddots & \vdots \\ \mathrm{a}_{\mathrm{m}1} & \mathrm{a}_{\mathrm{m}2} & \mathrm{a}_{\mathrm{m}3} & \cdots & \mathrm{a}_{\mathrm{mn}} \end{bmatrix} \tag{3.1}$$

Algumas matrizes recebem nomes especiais dependendo da sua forma. Uma matriz é dita quadrada se $m = n$, caso contrário ela é chamada de retangular. Uma matriz linha possui $m = 1$, e uma matriz coluna possui $n = 1$. Uma matriz nula é aquela em que todos os elementos são zero. Uma matriz identidade (ou matriz unidade) de ordem n é uma matriz quadrada $n \times n$, tal que: $a_{ij} = 1$ se $i = j$, e $a_{ij} = 0$, se $i \neq j$. A matriz identidade de ordem n é representada na matemática por $\mathbf{I}_n$. A matriz oposta de **A** é a matriz em que todos os elementos a_{ij} são substituídos por $-a_{ij}$. A matriz transposta de **A** é representada por $\mathbf{A}^t = (b_{ij})_{m \times n}$, tal que $b_{ij} = a_{ji}$. Em outras palavras, significa que as linhas foram transformadas em colunas e as colunas foram transformadas em linhas.

Algumas propriedades úteis de matrizes podem ser enumeradas:

(i) Duas matrizes **A** e **B** são ditas iguais se, e somente se, todos seus elementos forem iguais, $a_{ij} = b_{ij}$.

(ii) A matriz **C**, resultante da soma das matrizes **A** e **B** ($\mathbf{C} = \mathbf{A} + \mathbf{B}$), é a matriz que obedece à seguinte relação: $c_{ij} = a_{ij} + b_{ij}$.

(iii) A diferença de duas matrizes **A** e **B**, nessa ordem, é definida como a soma da matriz **A** com a matriz oposta de **B**.

(iv) A multiplicação de uma matriz **A** por um número real λ, $\mathbf{B} = \lambda\mathbf{A}$, obedece à seguinte lei de formação: $b_{ij} = \lambda a_{ij}$.

(v) A soma, a diferença e a multiplicação por um número real de matrizes obedecem às leis associativa, distributiva e comutativa.

(vi) Para que duas matrizes possam ser somadas ou subtraídas, elas devem possuir a mesma ordem. Para que duas matrizes sejam iguais, elas também devem possuir a mesma ordem.

O produto de uma matriz $\mathbf{A}_{m\times p}$ por uma matriz $\mathbf{B}_{p\times n}$ é a matriz $\mathbf{C}_{m\times n} = \mathbf{A}_{m\times p} \cdot \mathbf{B}_{p\times n}$, tal que cada elemento c_{ij} de $\mathbf{C}_{m\times n}$ seja a soma dos produtos dos elementos da i-ésima linha de $\mathbf{A}_{m\times p}$ pelos correspondentes elementos da j-ésima coluna de $\mathbf{B}_{p\times n}$. Portanto, para que o produto $\mathbf{A} \cdot \mathbf{B}$ exista, o número de colunas da matriz **A** deve ser igual ao número de linhas da matriz **B**, e a matriz resultante possuirá o número de linhas da matriz **A** e o número de colunas da matriz **B**. O produto de matrizes não é comutativo, logo $\mathbf{A} \cdot \mathbf{B}$ pode ser diferente de $\mathbf{B} \cdot \mathbf{A}$.

Uma matriz **B** é dita matriz inversa de **A** se, e somente se,

$$\mathbf{B} \cdot \mathbf{A} = \mathbf{A} \cdot \mathbf{B} = \mathbf{I} \tag{3.2}$$

e a matriz **B** é representada por $\mathbf{A}^{-1}$. A existência de uma matriz inversa envolve algumas regras que estão fora do escopo deste texto.

Nesta seção foi feita a revisão de algumas definições e propriedades de matrizes que serão necessárias para o desenvolvimento e a compreensão do restante do capítulo. Caso alguma outra propriedade seja necessária, será apresentada no momento oportuno. Se alguma das definições e propriedades citadas anteriormente soar estranha para você, pegue um livro de álgebra linear de sua preferência para revê-las.

3.2 Matriz de transformação

Ao realizar qualquer operação de simetria, alteram-se alguns pontos do espaço. Suponha que um ponto $P(x, y, z)$ se altere para $P'(x', y', z')$ após a realização da operação de simetria R. Logo, é interessante encontrar uma representação matemática de R que transforme a matriz coluna que representa o ponto P na matriz coluna que representa o ponto P′.

$$\begin{bmatrix} x' \\ y' \\ z' \end{bmatrix}_{3\times 1} = R \begin{bmatrix} x \\ y \\ z \end{bmatrix}_{3\times 1} \tag{3.3}$$

A operação R pode, então, ser representada por uma matriz que obedece às regras de multiplicação de matriz e altera P para P′. Como R multiplica a matriz coluna P, que contém 3 linhas, R deve ter 3 colunas. Como a matriz coluna P′ contém 3 linhas, a matriz R também deve conter 3 linhas. Portanto, R é uma matriz cúbica $3 \cdot 3$ e é chamada de *matriz de transformação.*

Cada elemento de simetria possui sua matriz de transformação que, após realizar a operação de simetria correspondente, altera o ponto de (x, y, z) para (x', y', z'). Resta encontrar a forma das matrizes de transformação de cada elemento de simetria.

Identidade

A identidade deixa inalterado qualquer ponto do espaço. Logo, sua matriz de transformação deve obedecer à seguinte relação:

$$\begin{bmatrix} x \\ y \\ z \end{bmatrix} = \begin{bmatrix} a_{11} & a_{12} & a_{13} \\ a_{21} & a_{22} & a_{23} \\ a_{31} & a_{32} & a_{33} \end{bmatrix} \begin{bmatrix} x \\ y \\ z \end{bmatrix} \tag{3.4}$$

Realizando o produto de matrizes do lado direito de (3.4), encontra-se o seguinte sistema linear:

$$\begin{cases} x = a_{11}x + a_{12}y + a_{13}z \\ y = a_{21}x + a_{22}y + a_{23}z \\ z = a_{31}x + a_{32}y + a_{33}z \end{cases} \tag{3.5}$$

Esse sistema linear pode ser resolvido encontrando $a_{11} = a_{22} = a_{33} = 1$, e os demais elementos são zero. Portanto, a matriz de transformação do elemento identidade é representada por:

$$\mathbf{E} = \begin{bmatrix} 1 & 0 & 0 \\ 0 & 1 & 0 \\ 0 & 0 & 1 \end{bmatrix} \tag{3.6}$$

Essa matriz também é chamada de matriz identidade e pode ser denotada por **1**. Uma vez encontradas as matrizes que representam os elementos de simetria, pode-se utilizá-las em conjunto com as propriedades de um grupo. Por exemplo, o produto de dois elementos de simetria pode ser encontrado a partir do produto das matrizes de transformação desses elementos e, então, verifica-se qual elemento de simetria possui a matriz resultante como matriz de transformação.

Outra aplicação consiste em encontrar o inverso de um elemento de simetria. Dada a matriz de transformação de um elemento, encontra-se sua matriz inversa e verifica-se qual elemento possui a matriz resultante como matriz de transformação. Esse elemento, então, será o elemento inverso.

Inversão

Quando foi definida a operação de inversão, foi dito que ela altera todos os pontos (x, y, z) para $(-x, -y, -z)$ em relação ao centro de inversão. Logo, sua matriz de transformação deve obedecer à seguinte relação:

$$\begin{bmatrix} -x \\ -y \\ -z \end{bmatrix} = \begin{bmatrix} a_{11} & a_{12} & a_{13} \\ a_{21} & a_{22} & a_{23} \\ a_{31} & a_{32} & a_{33} \end{bmatrix} \begin{bmatrix} x \\ y \\ z \end{bmatrix} \tag{3.7}$$

Realizando novamente o produto de matrizes do lado direito de (3.7), encontra-se o seguinte sistema linear:

$$\begin{cases} -x = a_{11}x + a_{12}y + a_{13}z \\ -y = a_{21}x + a_{22}y + a_{23}z \\ -z = a_{31}x + a_{32}y + a_{33}z \end{cases} \tag{3.8}$$

que pode ser resolvido, encontrando-se $a_{11} = a_{22} = a_{33} = -1$; os demais elementos são zero. Portanto, a matriz de transformação do elemento de inversão é representada por:

$$\boldsymbol{i} = \begin{bmatrix} -1 & 0 & 0 \\ 0 & -1 & 0 \\ 0 & 0 & -1 \end{bmatrix} \tag{3.9}$$

Essa matriz corresponde à matriz identidade com o sinal de seus elementos invertido e pode ser representada por $\bar{\mathbf{1}}$, em que a barra indica a inversão de sinais.

Rotação própria

A rotação própria gira o sistema de coordenadas em um ângulo θ em torno de um eixo de rotação. O eixo de maior ordem é considerado colinear com o eixo z. A Figura 3.1 mostra o que ocorre com um ponto P após girar em torno do eixo de rotação C_n por um ângulo de 360°/n, indo para o ponto P'.

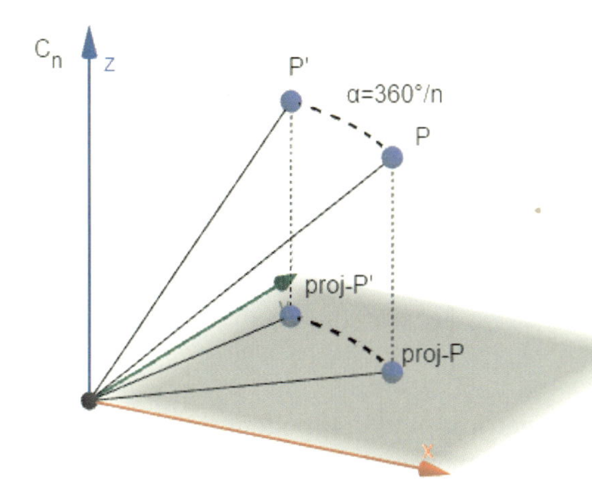

Figura 3.1: Rotação própria de um ponto genérico P em torno de um eixo C_n.

Como o eixo de rotação é colinear com o eixo z, a coordenada z do ponto P não se altera após a transformação. Assim, $z' = z$. Na figura também é mostrada a projeção no plano xy dos pontos P e P', já que as únicas coordenadas que se alteram são x e y. A Figura 3.2 mostra a visão dessa projeção.

A rotação do ponto P não altera o módulo do vetor que sai da origem e vai até o ponto proj-P e, consequentemente, a rotação também não altera o módulo do vetor do ponto proj-P'. Assumindo que o ponto proj-P estava inicialmente

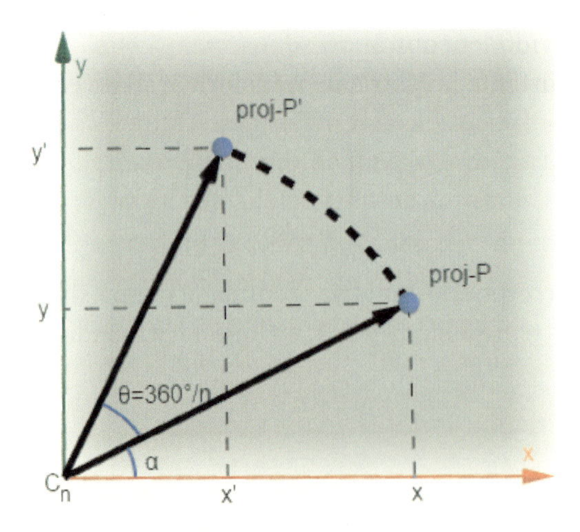

Figura 3.2: Visão superficial da mudança de um ponto P genérico após a rotação própria de 360°/n.

formando um ângulo α com o eixo x, pode-se escrever os valores de x e y como:

$$\begin{cases} x = r\cos\alpha \\ y = r\,\text{sen}\alpha \end{cases} \tag{3.10}$$

em que r indica o módulo do vetor que liga a origem até o ponto proj-P. Consequentemente, o ponto proj-P' pode ser escrito como:

$$\begin{cases} x' = r\cos(\alpha + \theta) \\ y' = r\,\text{sen}(\alpha + \theta) \end{cases} \tag{3.11}$$

As funções trigonométricas em (3.11) podem ser manipuladas utilizando as seguintes identidades trigonométricas:

$$\begin{aligned} \text{sen}(a \pm b) &= \text{sen}(a)\cos(b) \pm \text{sen}(b)\cos(a) \\ \cos(a \pm b) &= \cos(a)\cos(b) \mp \text{sen}(a)\,\text{sen}(b) \end{aligned} \tag{3.12}$$

gerando

$$\begin{cases} x' = r\left[\cos\alpha \cdot \cos\theta - \text{sen}\alpha \cdot \text{sen}\theta\right] \\ y' = r\left[\text{sen}\alpha \cdot \cos\theta + \cos\alpha \cdot \text{sen}\theta\right] \end{cases} \tag{3.13}$$

Aplicando a propriedade distributiva, obtém-se:

$$\begin{cases} x' = r\ \cos\alpha \cdot \cos\theta - r\ \text{sen}\alpha \cdot \text{sen}\theta \\ y' = r\ \text{sen}\alpha \cdot \cos\theta + r\ \cos\alpha \cdot \text{sen}\theta \end{cases} \tag{3.14}$$

Utilizando as relações (3.10) do ponto proj-P, pode-se escrever que:

$$\begin{cases} x' = x\ \cos\theta - y\ \text{sen}\theta \\ y' = x\ \text{sen}\theta + y\ \cos\theta \end{cases} \tag{3.15}$$

Utilizando a relação $z' = z$ e (3.15), pode-se escrever que a matriz de transformação da rotação própria do eixo de maior ordem deve obedecer à seguinte relação:

$$\begin{bmatrix} x\ \cos\theta - y\ \text{sen}\theta \\ x\ \text{sen}\theta + y\ \cos\theta \\ z \end{bmatrix} = \begin{bmatrix} a_{11} & a_{12} & a_{13} \\ a_{21} & a_{22} & a_{23} \\ a_{31} & a_{32} & a_{33} \end{bmatrix} \begin{bmatrix} x \\ y \\ z \end{bmatrix} \tag{3.16}$$

Realizando novamente o produto de matrizes do lado direito de (3.16), encontra-se o seguinte sistema linear:

$$\begin{cases} x\ \cos\theta - y\ \text{sen}\theta & = a_{11}x + a_{12}y + a_{13}z \\ x\ \text{sen}\theta + y\ \cos\theta & = a_{21}x + a_{22}y + a_{23}z \\ z & = a_{31}x + a_{32}y + a_{33}z \end{cases} \tag{3.17}$$

que pode ser resolvido encontrando $a_{11} = a_{22} = \cos\theta$, $a_{12} = -\text{sen}\theta$, $a_{21} = \text{sen}\theta$, $a_{33} = 1$; os demais elementos são zero. Portanto, a matriz de transformação do elemento de rotação própria em torno do eixo z por um ângulo de $\theta = 360°/n$ é representada por:

$$\mathbf{C}_n(\theta, z) = \begin{bmatrix} \cos\theta & -\text{sen}\theta & 0 \\ \text{sen}\theta & \cos\theta & 0 \\ 0 & 0 & 1 \end{bmatrix} \tag{3.18}$$

Reflexão

A reflexão σ_v tem o plano de simetria que coloca o ponto do lado oposto do ponto original e contém o eixo z. A Figura 3.3 mostra o que ocorre com um ponto P após ser refletido sobre o plano de simetria σ_v que forma um ângulo α com o eixo x.

Como o plano de reflexão contém o eixo z, a coordenada z do ponto P não se altera após a transformação. Assim, $z' = z$. Na figura também é mostrada a projeção no plano xy dos pontos P e P′, já que as únicas coordenadas que se alteram são x e y. A Figura 3.4 mostra a visão dessa projeção.

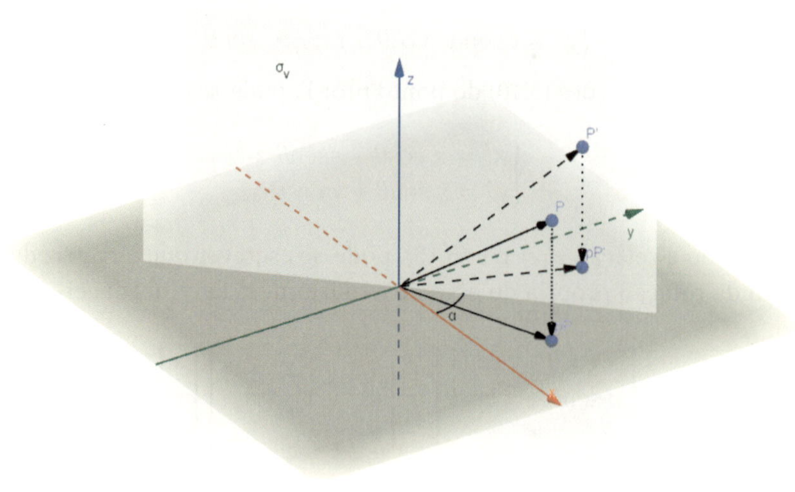

Figura 3.3: Reflexão de um ponto genérico P sobre um plano σ_v.

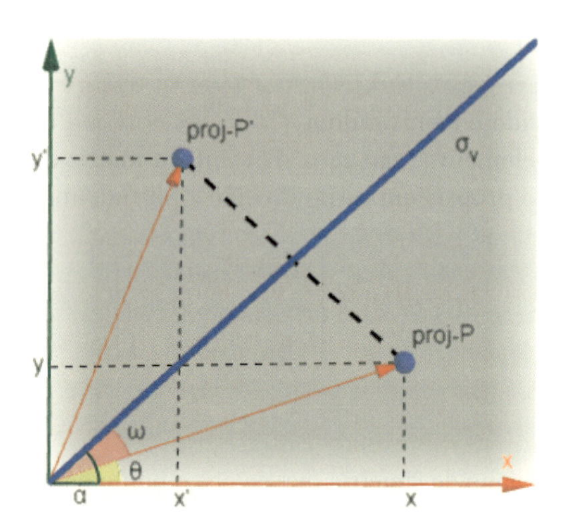

Figura 3.4: Visão superficial da mudança de um ponto P genérico após reflexão no σ_v.

O ângulo do plano σ_V até o vetor que liga a origem ao ponto proj-P é indicado pela letra ω (ângulo rosa). O ângulo do eixo x com o vetor que liga a origem ao ponto proj-P é indicado pela letra θ (ângulo amarelo). O ângulo que o plano de simetria faz com eixo x é o ângulo α (ângulo verde).

Considerando o ponto proj-P, pode-se escrever os valores de x e y como:

$$\begin{cases} x = r\cos\theta \\ y = r\,\text{sen}\theta \end{cases} \quad (3.19)$$

em que r indica o módulo do vetor que liga a origem até o ponto proj-P. Analisando a Figura 3.4, pode-se concluir inicialmente que:

$$\alpha = \omega + \theta \quad (3.20)$$

Como o plano de simetria leva o ponto ao lado oposto em relação ao eixo, o ângulo que o plano σ_V faz com o vetor que liga a origem até o ponto proj-P' também é ω. Logo, o ângulo que o vetor que liga a origem até o ponto proj-P' faz com o eixo x é $\alpha + \omega$. Assim, considerando o ponto proj-P', podem-se escrever os valores de x' e y' como:

$$\begin{cases} x' = r\cos(\alpha + \omega) \\ y' = r\,\text{sen}(\alpha + \omega) \end{cases} \quad (3.21)$$

Como o ângulo ω não descreve essa operação de simetria nem é utilizado para caracterizar o ponto proj-P, é necessário eliminar ω de (3.21). De (3.20) é possível concluir que $\omega = \alpha - \theta$. Substituindo em (3.21), obtém-se:

$$\begin{cases} x' = r\cos(2\alpha - \theta) \\ y' = r\,\text{sen}(2\alpha - \theta) \end{cases} \quad (3.22)$$

As identidades trigonométricas (3.12) podem ser utilizadas e expressar (3.22) como:

$$\begin{cases} x' = r\,[\cos(2\alpha)\cdot\cos\theta + \text{sen}(2\alpha)\cdot\text{sen}\theta] \\ y' = r\,[\text{sen}(2\alpha)\cdot\cos\theta - \cos(2\alpha)\cdot\text{sen}\theta] \end{cases} \quad (3.23)$$

Aplicando a propriedade distributiva, obtém-se:

$$\begin{cases} x' = r\cos\theta\cdot\cos(2\alpha) + r\,\text{sen}\theta\cdot\,\text{sen}(2\alpha) \\ y' = r\cos\theta\cdot\text{sen}(2\alpha) - r\,\text{sen}\theta\cdot\,\cos(2\alpha) \end{cases} \quad (3.24)$$

Utilizando as relações (3.19) do ponto proj-P, pode-se escrever que:

$$\begin{cases} x' = x\cos(2\alpha) + y\,\text{sen}(2\alpha) \\ y' = x\,\text{sen}(2\alpha) - y\cos(2\alpha) \end{cases} \quad (3.25)$$

Utilizando a relação $z' = z$ e (3.25), pode-se escrever que a matriz de transformação da reflexão sobre o plano que contém o eixo z e forma um ângulo α com o eixo x deve obedecer à seguinte relação:

$$\begin{bmatrix} x\cos(2\alpha) + y\,\mathrm{sen}(2\alpha) \\ x\,\mathrm{sen}(2\alpha) - y\cos(2\alpha) \\ z \end{bmatrix} = \begin{bmatrix} a_{11} & a_{12} & a_{13} \\ a_{21} & a_{22} & a_{23} \\ a_{31} & a_{32} & a_{33} \end{bmatrix} \begin{bmatrix} x \\ y \\ z \end{bmatrix} \tag{3.26}$$

Realizando novamente o produto de matrizes do lado direito de (3.26), encontra--se o seguinte sistema linear:

$$\begin{cases} x\cos(2\alpha) + y\,\mathrm{sen}(2\alpha) & = a_{11}x + a_{12}y + a_{13}z \\ x\,\mathrm{sen}(2\alpha) - y\cos(2\alpha) & = a_{21}x + a_{22}y + a_{23}z \\ z & = a_{31}x + a_{32}y + a_{33}z \end{cases} \tag{3.27}$$

que pode ser resolvido encontrando $a_{11} = \cos(2\alpha)$, $a_{12} = a_{21} = \mathrm{sen}(2\alpha)$, $a_{22} = -\cos(2\alpha)$, $a_{33} = 1$; os demais elementos são zero. Portanto, a matriz de transformação do elemento de reflexão sobre o plano que contém o eixo z e forma um ângulo α com o eixo x é representada por:

$$\sigma_v(\alpha, z) = \begin{bmatrix} \cos(2\alpha) & \mathrm{sen}(2\alpha) & 0 \\ \mathrm{sen}(2\alpha) & -\cos(2\alpha) & 0 \\ 0 & 0 & 1 \end{bmatrix} \tag{3.28}$$

Rotação imprópria

A operação de simetria da rotação imprópria pode ser representada pela operação de rotação própria em torno do eixo S_n em um ângulo de 360°/n, seguida de uma reflexão em um plano perpendicular ao eixo de rotação. Adotando o eixo de rotação S_n como colinear com o eixo z, o plano de simetria é o plano xy.

A operação de reflexão no plano xy é diferente da expressa pela matriz de transformação (3.28), e uma nova matriz de transformação deve ser encontrada. A reflexão de um ponto (x, y, z) em relação ao plano xy deixa inalterada as componentes x e y, e a componente z é transformada em −z. Se você não estiver convencido dessa afirmação, faça uma representação esquemática de forma análoga às feitas anteriormente para verificar essa mudança. O mesmo procedimento mostrado para encontrar as matrizes de transformação pode ser feito, e a seguinte matriz de transformação é encontrada para a reflexão σ_h:

$$\sigma_h(xy) = \begin{bmatrix} 1 & 0 & 0 \\ 0 & 1 & 0 \\ 0 & 0 & -1 \end{bmatrix} \tag{3.29}$$

Fazendo uso das matrizes de transformação de σ_h (xy) e $C_n(\theta, z)$, a matriz que representa $S_n(\theta, z)$ é tal que

$$\sigma_h(xy) \times C_n(\theta, z) = C_n(\theta, z) \times \sigma_h(xy) = \begin{bmatrix} \cos\theta & -\text{sen}\theta & 0 \\ \text{sen}\theta & \cos\theta & 0 \\ 0 & 0 & 1 \end{bmatrix} \times \begin{bmatrix} 1 & 0 & 0 \\ 0 & 1 & 0 \\ 0 & 0 & -1 \end{bmatrix}$$

$$\mathbf{S}_v(\theta, z) = \begin{bmatrix} \cos\theta & -\text{sen}\theta & 0 \\ \text{sen}\theta & \cos\theta & 0 \\ 0 & 0 & -1 \end{bmatrix} \tag{3.30}$$

O tópico de matrizes de transformação foi concluído encontrando-se as principais matrizes de transformação dos elementos de simetria dos grupos pontuais. Rotações e reflexões sobre eixos ou planos diferentes dos adotados aqui podem gerar diferentes matrizes de transformações para um determinado elemento de simetria, e, quando esses elementos surgirem, suas matrizes correspondentes serão indicadas, mas será omitida sua dedução. O procedimento descrito nesta seção é suficiente para deduzir essas matrizes.

3.3 Matriz de transformação: exemplos

Água (C_{2v})

A molécula de água pertencente ao grupo pontual C_{2v} possui como elementos de simetria: E, C_2, σ_v (xz) e $\sigma_v^{'}$ (yz). O elemento C_2 corresponde à rotação própria $C_n(\theta, z)$, com $\theta = 180°$. O elemento σ_v (xz) corresponde à reflexão $\sigma_v(\alpha, z)$, com $\alpha = 0°$. O elemento $\sigma_v^{'}$ (yz) corresponde à reflexão $\sigma_v(\alpha, z)$, com $\alpha = 90°$.

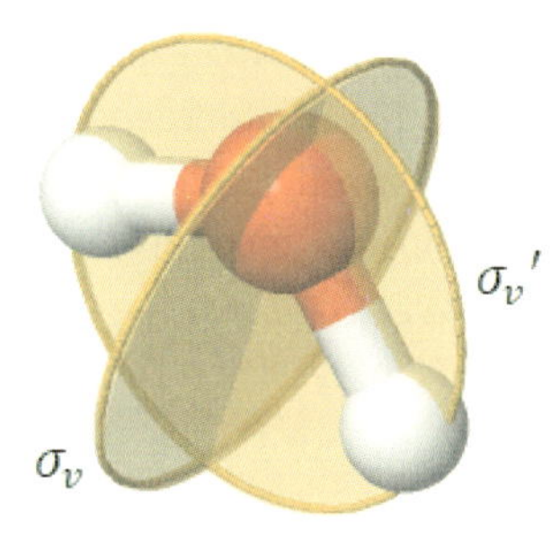

Figura 3.5: Molécula de água e seus planos de simetria.

É possível construir as matrizes de transformação do grupo C_{2V} como:

$$\mathbf{E} = \begin{bmatrix} 1 & 0 & 0 \\ 0 & 1 & 0 \\ 0 & 0 & 1 \end{bmatrix}; \mathbf{C}_2 = \begin{bmatrix} -1 & 0 & 0 \\ 0 & -1 & 0 \\ 0 & 0 & 1 \end{bmatrix}; \sigma_V = \begin{bmatrix} -1 & 0 & 0 \\ 0 & 1 & 0 \\ 0 & 0 & 1 \end{bmatrix}; \sigma_V^{'} = \begin{bmatrix} 1 & 0 & 0 \\ 0 & -1 & 0 \\ 0 & 0 & 1 \end{bmatrix}$$

A partir das matrizes de transformação, pode-se obter a tabela de multiplicação do grupo pontual C_{2V}.

$$\sigma_V C_2 = \begin{bmatrix} -1 & 0 & 0 \\ 0 & 1 & 0 \\ 0 & 0 & 1 \end{bmatrix} \times \begin{bmatrix} -1 & 0 & 0 \\ 0 & -1 & 0 \\ 0 & 0 & 1 \end{bmatrix} = \begin{bmatrix} 1 & 0 & 0 \\ 0 & -1 & 0 \\ 0 & 0 & 1 \end{bmatrix} = \sigma_V^{'}$$

$$\sigma_V^{'} \sigma_V = \begin{bmatrix} 1 & 0 & 0 \\ 0 & -1 & 0 \\ 0 & 0 & 1 \end{bmatrix} \times \begin{bmatrix} -1 & 0 & 0 \\ 0 & 1 & 0 \\ 0 & 0 & 1 \end{bmatrix} = \begin{bmatrix} -1 & 0 & 0 \\ 0 & -1 & 0 \\ 0 & 0 & 1 \end{bmatrix} = C_2$$

	E	C_2	σ_V	$\sigma_V^{'}$
E	E	C_2	σ_V	$\sigma_V^{'}$
C_2	C_2	E	$\sigma_V^{'}$	σ_V
σ_V	σ_V	$\sigma_V^{'}$	E	C_2
$\sigma_V^{'}$	$\sigma_V^{'}$	σ_V	C_2	E

Tabela 3.1: Tabela de multiplicação dos elementos do grupo pontual C_{2V}.

Amônia

A molécula de amônia pertencente ao grupo pontual C_{3V} possui como elementos de simetria: E, C_3, C_3^2, σ_V, $\sigma_V^{'}$ e $\sigma_V^{''}$. O elemento C_3 corresponde à rotação própria $C_n(\theta, z)$, com $\theta = 120°$. O elemento C_3^2 corresponde à rotação própria $C_n(\theta, z)$, com $\theta = 240°$. O elemento σ_V corresponde à reflexão $\sigma_V(\alpha, z)$, com $\alpha = 0°$. O elemento $\sigma_V^{'}$ corresponde à reflexão $\sigma_V(\alpha, z)$, com $\alpha = 60°$. O elemento $\sigma_V^{''}$ corresponde à reflexão $\sigma_V(\alpha, z)$, com $\alpha = 120°$.

É possível construir as matrizes de transformação do grupo C_{3V} como:

$$\mathbf{E} = \begin{bmatrix} 1 & 0 & 0 \\ 0 & 1 & 0 \\ 0 & 0 & 1 \end{bmatrix}; \mathbf{C}_3 = \begin{bmatrix} -\frac{1}{2} & -\frac{\sqrt{3}}{2} & 0 \\ \frac{\sqrt{3}}{2} & -\frac{1}{2} & 0 \\ 0 & 0 & 1 \end{bmatrix}; \mathbf{C}_3^2 = \begin{bmatrix} -\frac{1}{2} & \frac{\sqrt{3}}{2} & 0 \\ -\frac{\sqrt{3}}{2} & -\frac{1}{2} & 0 \\ 0 & 0 & 1 \end{bmatrix}$$

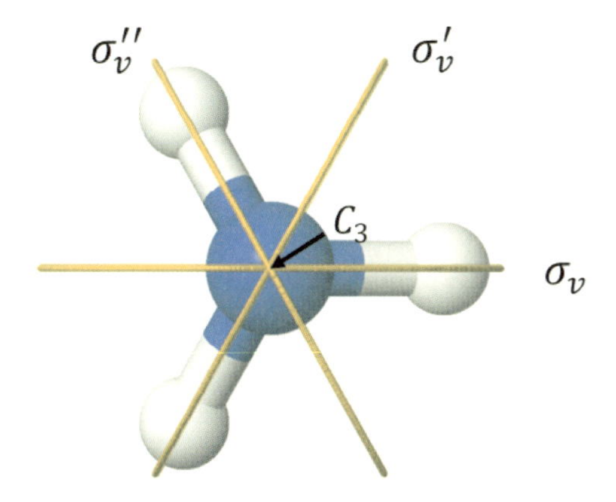

Figura 3.6: Visão superior da molécula de amônia e seus planos de simetria.

$$\sigma_V = \begin{bmatrix} 1 & 0 & 0 \\ 0 & -1 & 0 \\ 0 & 0 & 1 \end{bmatrix}; \sigma_V^{'} = \begin{bmatrix} -\frac{1}{2} & \frac{\sqrt{3}}{2} & 0 \\ \frac{\sqrt{3}}{2} & \frac{1}{2} & 0 \\ 0 & 0 & 1 \end{bmatrix}; \sigma_V^{''} = \begin{bmatrix} -\frac{1}{2} & -\frac{\sqrt{3}}{2} & 0 \\ -\frac{\sqrt{3}}{2} & \frac{1}{2} & 0 \\ 0 & 0 & 1 \end{bmatrix}$$

A partir das matrizes de transformação, pode-se obter também a tabela de multiplicação do grupo pontual C_{3V}. Como treinamento, encontre-a.

3.4 Tabela de caracteres

As matrizes de transformação geradas na seção anterior utilizaram a representação do sistema de coordenadas cartesianas (x, y, z). Evidentemente, diferentes representações poderiam ter sido utilizadas, mas optou-se por (x, y, z) em virtude de sua simplicidade, de forma a introduzir conceitos importantes na aplicação da Teoria de Grupo na química.

Como será visto no próximo capítulo, uma representação parecida com a aqui apresentada será utilizada, mas, em vez de analisar a mudança do sistema de coordenadas cartesianas como um todo, após a realização das operações de simetria, analisaremos a mudança de vários sistemas de coordenadas cartesianas, cada um sobre um átomo da molécula. Evidentemente, as matrizes de transformações geradas serão maiores. Contudo, elas têm que ser capazes de fornecer informações similares. Em outras palavras, é necessário um procedimento sistemático capaz de extrair as informações das matrizes de representação para que matrizes de transformação de diferentes representações possam fornecer informações semelhantes. Esse procedimento sistemático está relacionado à capacidade de transformar as matrizes de transformação em matrizes na forma bloco-diagonal, separando a representação original em um conjunto de matrizes de menor dimensão. Essa separação da representação é chamada de *redução da representação.*

A partir de agora as representações das matrizes de transformação serão simbolizadas, genericamente, pela letra grega maiúscula gama, Γ.

Uma inspeção das matrizes de transformação da água, C_{2v}, e da amônia, C_{3v}, mostra que elas são matrizes bloco-diagonais. Para a água, por exemplo, pode-se reduzir uma matriz tridimensional a três matrizes bloco-diagonal unidimensionais. Essa redução é simbolizada por:

$$\Gamma^{(3)}(C_{2v}) = \Gamma^{(1)} \oplus \Gamma^{(1)} \oplus \Gamma^{(1)} \tag{3.31}$$

Essa representação tridimensional foi reduzida a uma soma direta (o significado do sinal $\oplus$) de três representações unidimensionais.

Para a amônia, a redução da matriz tridimensional produz uma matriz bidimensional e uma matriz unidimensional.

$$\Gamma^{(3)}(C_{3v}) = \Gamma^{(1)} \oplus \Gamma^{(2)} \tag{3.32}$$

Ao se realizar essa redução de representação, partiu-se de uma *representação redutível* para obter *representações irredutíveis.* Como as matrizes de transformação da água já estavam na forma bloco-diagonal, esse procedimento foi automático. Contudo, uma regra para definir se uma matriz é ou não uma representação irredutível será apresentada ao longo desta seção.

É importante destacar que, para encontrar representações irredutíveis, todas as matrizes de representação devem ser divididas igualmente na forma de bloco-diagonal. Assim, mesmo que uma matriz de transformação de um elemento de simetria possa ser dividida em três blocos unidimensionais, se as demais não puderem, essa divisão não é válida. Então, ao procurar as representações irredutíveis, encontre a divisão da matriz em blocos que reduzam a matrizes de menores dimensões possíveis, sendo que essa divisão deve ser a mesma em todas as matrizes.

Cada representação irredutível de um grupo tem um rótulo chamado de *espécie de simetria*, e um *caractere* correspondente a cada elemento de simetria do grupo. A lista completa de caracteres de todas as possíveis representações irredutíveis de cada elemento de simetria de um grupo é chamada *tabela de caracteres.* As tabelas de caracteres são consideradas uma forma abreviada de apresentar as matrizes de transformação, e é a partir delas que será possível fazer a análise de espectros e construir diagramas de orbitais moleculares. São justamente as tabelas de caracteres que reúnem todas as informações necessárias do grupo pontual, e são independentes da representação utilizada.

Os caracteres de uma espécie de simetria são obtidos encontrando o traço, soma dos elementos da diagonal, da representação irredutível de cada elemento de simetria. Para a água, por exemplo, seguem as representações irredutíveis dentro da representação redutível original.

$$\mathbf{E} = \begin{bmatrix} [1] & 0 & 0 \\ 0 & [1] & 0 \\ 0 & 0 & [1] \end{bmatrix}; \mathbf{C}_2 = \begin{bmatrix} [-1] & 0 & 0 \\ 0 & [-1] & 0 \\ 0 & 0 & [1] \end{bmatrix}$$

$$\sigma_V = \begin{bmatrix} [-1] & 0 & 0 \\ 0 & [1] & 0 \\ 0 & 0 & [1] \end{bmatrix}; \sigma_V' = \begin{bmatrix} [1] & 0 & 0 \\ 0 & [-1] & 0 \\ 0 & 0 & [1] \end{bmatrix}$$

Para representações unidimensionais, o traço da matriz é o próprio elemento, e os caracteres das três espécies de simetria são:

	E	C_2	σ_V	σ_V'
1	1	–1	–1	1
2	1	–1	1	–1
3	1	1	1	1

Nesse ponto, pode-se apresentar a regra que diz se uma matriz de transformação é ou não uma representação irredutível. Se a representação for irredutível, a soma dos quadrados dos caracteres de todos os elementos do grupo deve ser igual à ordem do grupo. Caso essa soma seja maior que a ordem do grupo, tem-se uma representação redutível.

Considere, por exemplo, que não tenha sido feita a redução de representação e se quer decidir se a representação tridimensional dos elementos de simetria do grupo pontual C_{2V} é irredutível. Os caracteres das matrizes são: 3, para a matriz E; –1, para a matriz C_2; –1, para a matriz σ_V; e 1, para a matriz σ_V'. Logo, a soma dos quadrados dos caracteres é 12. Como a ordem do grupo C_{2V} é 4, essa representação é redutível.

Essa regra é extremamente importante, uma vez que as matrizes de representação do grupo C_{2V} só estão na forma bloco diagonal porque foram construídas levando em consideração a ordem x, y e z nas matrizes coluna da seção anterior. Se a ordem tivesse sido diferente, as linhas entre as matrizes de transformação se alterariam, e essas matrizes não estariam na forma bloco diagonal, podendo induzir você a achar que elas são representações irredutíveis. Existe um procedimento matemático para transformar a matriz em bloco diagonal, mas no próximo capítulo será apresentada uma regra mais útil para encontrar as representações irredutíveis a partir de representações redutíveis.

Considerando, agora, que a matriz tridimensional foi dividida em três representações unidimensionais e fazendo a soma dos quadrados dos caracteres de cada uma delas, observa-se que ela é igual à ordem do grupo. Dessa forma, representações irredutíveis foram caracterizadas.

Para a amônia, encontram-se as seguintes representações irredutíveis, dentro da representação redutível original:

$$\mathbf{E}=\begin{bmatrix}\begin{bmatrix}1 & 0\\0 & 1\end{bmatrix} & \begin{matrix}0\\0\end{matrix}\\ \begin{matrix}0 & 0\end{matrix} & [1]\end{bmatrix};\mathbf{C}_3=\begin{bmatrix}\begin{bmatrix}-\frac{1}{2} & -\frac{\sqrt{3}}{2}\\ \frac{\sqrt{3}}{2} & -\frac{1}{2}\end{bmatrix} & \begin{matrix}0\\0\end{matrix}\\ \begin{matrix}0 & 0\end{matrix} & [1]\end{bmatrix};\mathbf{C}_3^2=\begin{bmatrix}\begin{bmatrix}-\frac{1}{2} & \frac{\sqrt{3}}{2}\\ -\frac{\sqrt{3}}{2} & -\frac{1}{2}\end{bmatrix} & \begin{matrix}0\\0\end{matrix}\\ \begin{matrix}0 & 0\end{matrix} & [1]\end{bmatrix}$$

$$\sigma_V=\begin{bmatrix}\begin{bmatrix}1 & 0\\0 & -1\end{bmatrix} & \begin{matrix}0\\0\end{matrix}\\ \begin{matrix}0 & 0\end{matrix} & [1]\end{bmatrix};\sigma_V'=\begin{bmatrix}\begin{bmatrix}-\frac{1}{2} & \frac{\sqrt{3}}{2}\\ \frac{\sqrt{3}}{2} & \frac{1}{2}\end{bmatrix} & \begin{matrix}0\\0\end{matrix}\\ \begin{matrix}0 & 0\end{matrix} & [1]\end{bmatrix};\sigma_V''=\begin{bmatrix}\begin{bmatrix}-\frac{1}{2} & -\frac{\sqrt{3}}{2}\\ -\frac{\sqrt{3}}{2} & \frac{1}{2}\end{bmatrix} & \begin{matrix}0\\0\end{matrix}\\ \begin{matrix}0 & 0\end{matrix} & [1]\end{bmatrix}$$

Os traços das duas espécies de simetria podem ser encontrados e são:

	E	C_3	C_3^2	σ_V	σ_V'	σ_V''
1	2	−1	−1	0	0	0
2	1	1	1	1	1	1

Verifique que a redução de representação apresentada originou representações irredutíveis.

Observe que os caracteres dos elementos de simetria C_3 e C_3^2 são idênticos para as duas espécies de simetria, e não faz sentido representar as duas colunas. Se uma verificação for feita, pode-se mostrar que C_3 e C_3^2 pertencem à mesma classe, e é verdade que elementos de uma mesma classe possuem os mesmos caracteres, embora sejam representados por matrizes de transformação diferentes. O mesmo é válido para os planos de reflexão, e a tabela de caracteres do grupo pontual C_{3V} pode ser escrita como:

	E	$2C_3$	$3\sigma_v$
1	2	−1	0
2	1	1	1

As espécies de simetria são nomeadas da seguinte forma:

(1) Representações irredutíveis *unidimensionais* recebem o rótulo A ou B. Para verificar se uma representação é unidimensional, basta ver se o caractere do elemento identidade é 1, já que a matriz identidade unidimensional é uma matriz formada por um único elemento, 1.

(2) Representações unidimensionais que são simétricas em relação à rotação de maior ordem recebem o rótulo A, e as que são antissimétricas recebem o rótulo B.

Uma representação é considerada simétrica se o seu caractere for +1 *e antissimétrica se o seu caractere for* −1.

(3) Representações *bidimensionais* recebem o rótulo E (da palavra alemã *entartet*, que significa degenerado), e representações *tridimensionais* recebem o rótulo T.

(4) Caso mais de uma representação irredutível receba o mesmo nome, subscritos ou apóstrofos são colocados, seguindo as regras:

(i) Subscrito 1 indica uma representação simétrica em relação ao eixo de rotação C_2 perpendicular ao eixo principal. Caso a representação seja antissimétrica, ela recebe o subscrito 2.

(ii) Se não houver eixos C_2 perpendiculares, 1 é usado caso a representação seja simétrica em relação ao plano de simetria σ_v, e 2 caso a representação seja antissimétrica.

(iii) Caso o grupo apresente centro de inversão, o subscrito g é utilizado para representações simétricas em relação a esse elemento (g vem do alemão *gerade*, que significa par), e, caso a representação seja antissimétrica, o subscrito u é utilizado (u vem do alemão *ungerade*, que significa ímpar).

(iv) Um único apóstrofo é usado quando uma representação é simétrica em relação ao plano σ_h e nenhuma das outras distinções acima pôde ser utilizada, e o apóstrofo duplo é utilizado quando a representação é antissimétrica.

Assim, as espécies de simetria encontradas do grupo pontual C_{2v} são rotuladas por:

	E	C_2	σ_v	σ_v'
B_1	1	−1	−1	1
B_2	1	−1	1	−1
A	1	1	1	1

e as espécies do grupo pontual C_{3v} por:

	E	$2C_3$	$3\sigma_v$
E	2	−1	0
A	1	1	1

Muito do desenvolvimento matemático da Teoria de Grupo foi omitido, mas um teorema é extremamente importante para concluir a construção das tabelas de caracteres e merece ser mencionado. Esse teorema é chamado de *Grande Teorema da Ortogonalidade* (GTO) e, apesar da omissão de sua formulação matemática, algumas relações importantes para a construção das tabelas de caracteres podem ser obtidas por meio dele e devem ser destacadas. Considerando que uma *espécie de simetria* corresponde a uma *linha* na tabela de caracteres e uma *classe* corresponde a uma *coluna* na tabela de caracteres, essas relações podem ser enunciadas como:

(i) O número de espécies de simetria de um grupo é igual ao número de classes do grupo (número de linhas = número de colunas);

(ii) Todo grupo pontual possui uma espécie de simetria unidimensional e totalmente simétrica em relação a todos os elementos de simetria (todos os caracteres iguais a um);

(iii) Regra das dimensões: a soma dos quadrados das dimensões das espécies de simetria do grupo é igual à ordem do grupo (a dimensão do grupo é o caractere do elemento identidade e, necessariamente, é um número inteiro e positivo);

(iv) Regra do quadrado de uma espécie: a soma dos quadrados dos caracteres de qualquer espécie de simetria do grupo é igual à ordem do grupo (lembre-se de multiplicar o quadrado do caractere pelo número de elementos da classe);

(v) Regra do quadrado de uma classe: a soma dos quadrados dos caracteres de uma mesma classe multiplicada pelo número de elementos da classe é igual à ordem do grupo;

(vi) Regra do produto de duas espécies: a soma dos produtos dos caracteres de duas espécies de simetria diferentes é zero (lembre-se de multiplicar os produtos dos caracteres de cada classe pelo número de elementos da classe);

(vii) Regra do produto de duas classes: a soma dos produtos dos caracteres de duas classes de simetria diferente é zero.

A utilização das relações (i)-(vii) permite concluir a construção das tabelas de caracteres. Não foi possível obter todas as espécies de simetria diretamente da representação redutível original e, consequentemente, obter as tabelas de caracteres de forma completa, porque foi utilizada a representação do sistema de coordenadas cartesianas e ela não é suficiente para gerar todas as espécies desses grupos. Evidentemente, outra representação, capaz de gerar todas as espécies, pode ser utilizada, mas a formulação matemática necessária para isso foge do objetivo deste texto.

Considere a tabela de caracteres do grupo C_{2V}.

O grupo C_{2V} contém 4 classes, logo deve conter 4 espécies de simetria, e, para completar a tabela de caracteres anterior, é necessário encontrar mais uma espécie de simetria (denominada, inicialmente, espécie X). O grupo C_{2V} tem ordem 4, e, somando o quadrado das dimensões das espécies do grupo, obtém-se:

$$(1)^2 + (1)^2 + (1)^2 + \left(\chi^X\right)^2 = 4 \tag{3.33}$$

$$\chi^X = 4 - 3 = 1 \tag{3.34}$$

$$\chi^X (E) = 1 \tag{3.35}$$

Logo, a espécie de simetria que está faltando deve ter dimensão 1. Aplicando a regra do produto de duas espécies nos caracteres de A e X, obtém-se:

$$\begin{aligned}\chi^{(A)}(E)\,\chi^{(X)}(E) + \chi^{(A)}(C_2)\,\chi^{(X)}(C_2) + \chi^{(A)}(\sigma_V)\,\chi^{(X)}(\sigma_V) + \\ + \chi^{(A)}(\sigma_V')\,\chi^{(X)}(\sigma_V') = 0\end{aligned} \tag{3.36}$$

$$1 \cdot 1 + 1 \cdot \chi^{(X)}(C_2) + 1 \cdot \chi^{(X)}(\sigma_V) + 1 \cdot \chi^{(X)}(\sigma_V') = 0 \tag{3.37}$$

Outras duas equações podem ser encontradas aplicando a regra do produto de duas espécies nos caracteres de B_1 e X, e B_2 e X.

$$1 \cdot 1 - 1 \cdot \chi^{(X)}(C_2) + 1 \cdot \chi^{(X)}(\sigma_V) - 1 \cdot \chi^{(X)}(\sigma_V') = 0 \tag{3.38}$$

$$1 \cdot 1 - 1 \cdot \chi^{(X)}(C_2) - 1 \cdot \chi^{(X)}(\sigma_V) + 1 \cdot \chi^{(X)}(\sigma_V') = 0 \tag{3.39}$$

Resolvendo esse sistema de equações, encontra-se:

$$\begin{cases} \chi^{(X)}(C_2) = 1 \\ \chi^{(X)}(\sigma_V) = -1 \\ \chi^{(X)}(\sigma_V') = -1 \end{cases} \tag{3.40}$$

Uma vez atribuídos os caracteres da nova espécie de simetria, pode-se nomeá-la. Como ela é simétrica em relação ao eixo C_2, ela recebe o rótulo A, e, para diferenciá-la da espécie que já havia sido encontrada, pode-se atribuir os subscritos 2 à nova espécie e 1 à espécie antiga, já que a nova espécie é antissimétrica em relação ao plano σ_V e a espécie antiga é simétrica a esse elemento de simetria. A tabela de caracteres completa do grupo C_{2V} é, então:

C_{2V} (h = 4)	E	C_2	σ_V	σ_V'
A_1	1	1	1	1
A_2	1	1	−1	−1
B_1	1	−1	1	−1
B_2	1	−1	−1	1

Cada tabela de caracteres é exclusiva para seu grupo pontual e ela pode ser obtida tomando diferentes representações. Vale lembrar, também, que não se deve representar em uma tabela de caracteres uma espécie de simetria duas vezes nem ter duas colunas repetidas.

Novamente, a construção de tabelas de caracteres de grupos pontuais que possuem muitas espécies de simetria torna-se matematicamente complicada ou até mesmo impossível somente com a aplicação da metodologia de transformação linear desenvolvida neste capítulo, e a utilização algébrica completa da Teoria de Grupo se faz necessária.

Considere, agora, a tabela de caracteres do grupo C_{3V}.

O grupo C_{3V} contém três classes; logo, deve conter três espécies de simetria, e, para completar a tabela de caracteres anterior, é necessário encontrar mais uma espécie de simetria (denominada, inicialmente, espécie X). O grupo C_{3V} tem ordem 6, e, somando o quadrado das dimensões das espécies do grupo, obtém-se:

$$(2)^2 + (1)^2 + \left(\chi^X\right)^2 = 6 \tag{3.41}$$

$$\chi^X = 6 - 5 = 1 \tag{3.42}$$

$$\chi^X(E) = 1 \tag{3.43}$$

Logo, a espécie de simetria que está faltando deve ter dimensão 1. Aplicando a regra do produto de duas espécies nos caracteres de A e X, obtém-se:

$$1 \cdot \chi^{(A)}(E)\,\chi^{(X)}(E) + 2 \cdot \chi^{(A)}(C_3)\,\chi^{(X)}(C_3) + 3 \cdot \chi^{(A)}(\sigma_v)\,\chi^{(X)}(\sigma_v) = 0 \quad (3.44)$$

$$1 \cdot 1 \cdot 1 + 2 \cdot 1 \cdot \chi^{(X)}(C_3) + 3 \cdot 1 \cdot \chi^{(X)}(\sigma_v) = 0 \quad (3.45)$$

Note que a regra do produto de duas espécies envolve a soma de todos os elementos do grupo, e, para grupos com mais de um elemento em uma classe, é necessário multiplicar o produto pelo número de elementos da classe.

Outra equação pode ser encontrada aplicando a regra do produto de duas espécies nos caracteres de E e X:

$$1 \cdot 2 \cdot 1 - 2 \cdot 1 \cdot \chi^{(X)}(C_3) + 3 \cdot 0 \cdot \chi^{(X)}(\sigma_v) = 0 \quad (3.46)$$

Resolvendo esse sistema de equações, encontra-se:

$$\begin{cases} \chi^{(X)}(C_3) = 1 \\ \chi^{(X)}(\sigma_v) = -1 \end{cases} \quad (3.47)$$

Uma vez atribuídos os caracteres da nova espécie de simetria, pode-se nomeá-la. Como ela é simétrica em relação ao eixo C_3, recebe o rótulo A, e, para diferenciá-la da espécie que já havia sido encontrada, pode-se atribuir os subscritos 2 à nova espécie e 1 à espécie antiga, já que a nova espécie é antissimétrica em relação aos planos σ_v e a espécie antiga é simétrica em relação a esse elemento de simetria. A tabela de caracteres completa do grupo C_{3v} é, então:

C_{3v} (h = 6)	E	$2C_3$	$3\sigma_v$
A_1	1	1	1
A_2	1	1	−1
E	2	−1	0

Em um número pequeno de tabelas de caracteres aparece o número complexo i. Nesses grupos existem os caracteres complexos ϵ e ϵ^*, em que $\epsilon = \exp\left(\frac{2\pi i}{n}\right)$ e corresponde à rotação de 360°/n no sentido anti-horário no plano complexo. As representações irredutíveis que contêm números complexos são normalmente colocadas entre parênteses e denotadas pelo rótulo E.

Os grupos infinitos são mais complexos de serem manipulados, e a obtenção de suas tabelas de caracteres será omitida. Nesses grupos são utilizadas letras gregas para nomear suas espécies. É importante lembrar que, para se referir a uma espécie do grupo, deve-se sempre utilizar letra maiúscula.

Algumas outras informações aparecem nas tabelas de caracteres. Essas informações são colocadas em colunas à direita da tabela e podem ser enumeradas como:

- x, y, z: indicam a que espécie de simetria pertencem as transformações da coordenadas x, y e z, respectivamente.
- x^2, xy, $x^2 - y^2$, ...: indicam a que espécies de simetria pertencem as transformações das combinações das coordenadas x^2, xy, $x^2 - y^2$, ..., respectivamente.
- R_x, R_y, R_z: indicam a que espécie de simetria pertencem as rotações em torno dos eixos x, y e z, respectivamente.

Esses rótulos de informações podem ser atribuídos aplicando os elementos de simetria do grupo em questão às figuras geométricas que os representam, verificando se a figura geométrica é simétrica ou antissimétrica em relação a cada elemento, construindo, então, seus caracteres. Assim, uma comparação pode ser feita com os caracteres das espécies do grupo e, então, colocarem-se os rótulos de informações no local adequado.

As tabelas de caracteres dos grupos pontuais C_{2v} e C_{3v} completas com todas as informações são apresentadas abaixo, e no final do livro é possível encontrar as tabelas de caracteres dos principais grupos pontuais utilizados na química.

C_{2v} (h = 4)	E	C_2	σ_v	σ_v'		
A_1	1	1	1	1	z	x^2, y^2, z^2
A_2	1	1	−1	−1	R_z	xy
B_1	1	−1	1	−1	x, R_y	xz
B_2	1	−1	−1	1	y, R_x	yz

Tabela 3.2: Tabela de caracteres do grupo pontual C_{2v}.

C_{3v} (h = 6)	E	$2C_3$	$3\sigma_v$		
A_1	1	1	1	z	$x^2 + y^2, z^2$
A_2	1	1	−1	R_z	
E	2	−1	0	$(x, y)\ (R_x, R_y)$	$(x^2 - y^2, xy)\ (xz, yz)$

Tabela 3.3: Tabela de caracteres do grupo pontual C_{3v}.

Observe que é pouco útil ficar montando sistemas de equações e resolvê-los para encontrar as tabelas de caracteres, uma vez que estas já estão prontas e são encontradas em muitos apêndices de livros. Apresentou-se a construção formal delas para que você tenha entrado em contato com esse tema ao menos uma vez ao longo da sua formação. No entanto, sabendo montar a tabela de caracteres dos grupos pontuais C_{2v} e C_{3v}, e exercitando o uso das propriedades do GTO em algumas tabelas de caracteres sugeridas no final deste capítulo, você já terá um bom conhecimento do assunto e, então, deve utilizar seu tempo aprendendo a aplicar as tabelas de caracteres para resolver problemas práticos.

3.5 Exercícios

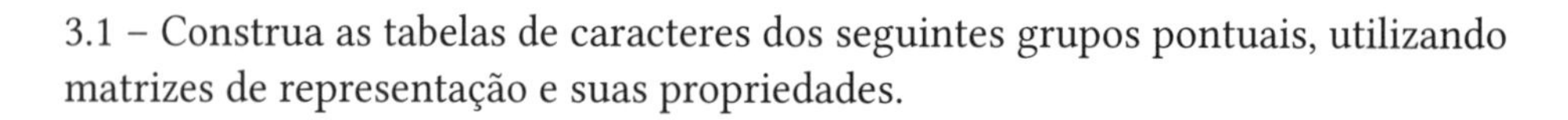

3.1 – Construa as tabelas de caracteres dos seguintes grupos pontuais, utilizando matrizes de representação e suas propriedades.

(a) C_s.

(b) C_i.

(c) C_2.

(d) D_2.

(e) D_3.

(f) C_{2h}.

3.2 – Construa as respectivas tabelas de multiplicação dos grupos pontuais do item 3.1, utilizando matrizes de representação e suas propriedades.

Capítulo 4

Espectroscopia vibracional

Uma aplicação da Teoria de Grupo está na espectroscopia molecular. A espectroscopia está relacionada à interação da radiação eletromagnética com a matéria. Desse modo, ao longo deste capítulo, será necessário utilizar os aspectos gerais da radiação eletromagnética. Uma breve introdução sobre espectroscopia será feita e, em seguida, será dada atenção à espectroscopia vibracional aplicando Teoria de Grupo. A espectroscopia é uma área ampla de estudo e pesquisa e, para uma descrição matemática mais apropriada, é necessário utilizar mecânica quântica, que está fora do escopo deste texto. Para obter uma descrição mais precisa e elegante de espectroscopia molecular, vários livros podem ser consultados, entre eles: Woodward (1972), Levine (1975), Jacobs (2005), Atkins & Friedman (2010), Ameta & Ameta (2016).

4.1 Espectroscopia molecular

Quando se estuda estrutura atômica utilizando uma abordagem quântica, nota-se que os níveis de energia atômicos são discretos e que, ao interagir radiação eletromagnética com os elétrons dos átomos, eles são excitados a níveis de energia superiores e, ao retornarem, emitem radiação eletromagnética com frequência proporcional à diferença de energia entre os níveis energéticos, tal que a equação (4.1) seja válida.

$$\Delta \mathrm{E} = \mathrm{h}\nu \tag{4.1}$$

Em moléculas, as energias também são discretas, embora seja mais complexa sua distribuição e seja necessário introduzir aproximações para estudá-las. Perceba que, ao estudar o espectro atômico, certamente seu professor enfatizou que, ao mudar de um nível de energia para outro, estava ocorrendo uma transição eletrônica que mudava a configuração da nuvem eletrônica; assim, os espectros atômicos forneciam informações detalhadas sobre a estrutura eletrônica. Agora, em espectroscopia molecular, sua energia pode mudar não apenas resultando de transições eletrônicas, mas, também, de transições entre estados rotacionais e vibracionais (Atkins & Friedman), resultando em espectros muito mais complexos, mas que, tratados de forma adequada, fornecem informações estruturais importantes.

A aproximação de Born-Oppenheimer[1] permite que a energia total da molécula seja separada (de forma aproximada) em $E = E_{el} + E_{nu}$, em que E_{el} é a energia eletrônica relacionada ao estado eletrônico em que a molécula se encontra, e E_{nu} é a energia relacionada ao movimento nuclear.

Os movimentos básicos relacionados à movimentação nuclear podem ser divididos em movimento translacional, rotacional e vibracional. Essa separação permite que E_{nu} seja separado em $E_{trans} + E_{rot} + E_{vib}$, em que E_{trans} é a energia relacionada ao movimento translacional, E_{rot} é a energia relacionada ao movimento rotacional, e E_{vib} é a energia relacionada ao movimento vibracional.

Dentro dessa aproximação, pode-se dizer que as moléculas armazenam energia na forma de movimento eletrônico, movimento vibracional, movimento rotacional e movimento translacional. As justificativas apresentadas aqui para poder fazer essa separação estão longe de ser justificativas formais, e uma abordagem quântica manipulando a equação de Schrödinger é necessária para justificar essa separação. No entanto, tal abordagem está longe do escopo deste capítulo.

Assim como para os átomos, os níveis de energias associados aos quatro tipos de movimento acima separados são quantizados. Uma análise quântica apropriada permite verificar que as diferenças entre os níveis de energia de cada movimento possuem dimensões muito diferentes. O movimento translacional pode ser aproximado por um sistema denominado "partícula na caixa", e os espaçamentos entre os níveis translacionais estão na ordem de 10^{-30} J, tornando impraticável, do ponto de vista experimental, estudar esses movimentos.

O movimento rotacional pode ser aproximado por um sistema denominado "rotor rígido", e os espaçamentos entre os níveis rotacionais estão na ordem de $1 \cdot 10^{-23}$ J a $1 \cdot 10^{-21}$ J, aproximadamente, e, portanto, para que uma transição entre esses níveis ocorra, é necessário que o fóton tenha comprimento de onda da ordem de 0,1 cm a 1 mm, aproximadamente, que corresponde à região do micro-

1 Essa aproximação leva em consideração que o movimento eletrônico é muito mais rápido que o movimento nuclear, uma vez que a nuvem eletrônica se ajusta quase instantaneamente com uma mudança na configuração nuclear.

-ondas. Logo, a radiação de micro-ondas será utilizada para estudar o movimento rotacional de moléculas e obter os seus respectivos espectros.

O movimento vibracional pode ser aproximado por um sistema denominado "oscilador harmônico", e os espaçamentos entre os níveis vibracionais estão na ordem de $7 \cdot 10^{-21}$ J a $7 \cdot 10^{-20}$ J, aproximadamente, e, portanto, para que uma transição entre esses níveis ocorra, é necessário que o fóton tenha comprimento de onda da ordem de 0,03 mm a 3000 nm, aproximadamente, que corresponde à região do infravermelho. Logo, a radiação no infravermelho será utilizada para estudar o movimento vibracional de moléculas e obter os seus respectivos espectros.

O espaçamento entre o nível eletrônico fundamental e o primeiro nível eletrônico excitado é tipicamente da ordem de $1 \cdot 10^{-19}$ J a $1 \cdot 10^{-18}$ J, aproximadamente, e, portanto, para que uma transição entre os níveis eletrônicos ocorra, é necessário que o fóton tenha comprimento de onda da ordem de 700 nm a 200 nm, aproximadamente, que corresponde à região da luz visível e do ultravioleta. Logo, a radiação da luz visível e ultravioleta será utilizada para estudar o movimento eletrônico de moléculas e obter os seus respectivos espectros.

Essa análise permite dizer que cada nível eletrônico é composto de muitos níveis vibracionais, e que cada nível vibracional é composto de muitos níveis rotacionais, e que cada nível rotacional é composto de muitos níveis translacionais. Isso permite que as espectroscopias eletrônica, vibracional e rotacional sejam estudadas de forma separada, levando em consideração os limites dessas aproximações e suas composições.

É justamente na espectroscopia vibracional, na rotacional e na eletrônica que a Teoria de Grupo pode ser usada, mais efetivamente, para extrair informações. Neste texto será estudada apenas a espectroscopia vibracional.

4.2 Espectroscopia vibracional

Considere uma molécula formada por N átomos. Cada átomo pode se movimentar ao longo das três direções dos eixos cartesianos x, y e z. Logo, a molécula como um todo pode se mover de 3N maneiras. Dessas 3N maneiras, três são responsáveis pelo movimento translacional ao longo de cada um dos eixos cartesianos, e, ignorando o movimento translacional, restam $3N - 3$ maneiras de a molécula se movimentar. Já o movimento rotacional leva em consideração se a molécula é linear ou não. Se a molécula não for linear, ela poderá girar como um todo ao longo dos três eixos de rotação coincidentes com os eixos cartesianos, resultando em $3N - 6$ maneiras de se movimentar através de vibrações. Caso a molécula seja linear, o eixo da molécula (eixo z) não provoca um movimento rotacional, uma vez que o movimento de girar a molécula linear através do eixo z é um movimento que não altera sua posição em nenhum momento. Desse modo, no caso de moléculas lineares, existem dois modos de elas girarem, resultando em $3n - 5$ maneiras de se movimentar através de vibrações. Essas maneiras de as moléculas se movimentarem através de vibrações são chamadas de *modos normais de vibração*, e cada modo normal é responsável por um tipo de vibração molecular.

As duas técnicas mais populares de espectroscopia vibracional são a espectroscopia de absorção no infravermelho e a espectroscopia Raman. Detalhes experimentais dessas duas técnicas podem ser obtidos em Oliveira (2009).

Um modo normal será ativo no infravermelho se sua vibração causar uma mudança no momento de dipolo permanente, e um modo normal será ativo no Raman se a vibração causar uma mudança da polarizabilidade. Essas regras de seleção ditam se a transição será exibida no espectro. Em outras palavras, as regras de seleção dizem que, se uma molécula variar seu momento de dipolo ao realizar um determinado modo normal de vibração, ela será ativa no espectro de infravermelho. Observe que o único modo vibracional de moléculas diatômicas é o estiramento, e, se a molécula for homonuclear, esse estiramento não irá variar o momento de dipolo da molécula, que permanecerá nulo. Portanto, moléculas diatômicas homonucleares não são ativas na espectroscopia no infravermelho, independentemente da condição experimental. Uma análise análoga pode ser feita para a regra de seleção da espectroscopia Raman.

Uma vez determinados os modos normais de vibração de uma molécula, é possível utilizar a tabela de caracteres do grupo pontual ao qual ela pertence e, então, dizer se o modo normal será ativo no IV e/ou no Raman, ou em nenhum dos dois.

4.3 Determinação de modos normais

Assim como feito anteriormente para determinar o número de modos normais de vibração de uma molécula, pode-se descrever toda mudança dos átomos em uma molécula pela mudança do sistema de coordenadas cartesianas com origem em cada átomo. Considere a molécula de água, mostrada na Figura 4.1.

O vetor $\left(x_{H_1}, y_{H_1}, z_{H_1}\right)$ especifica o deslocamento do átomo de hidrogênio rotulado com 1, e, de forma análoga, vetores podem ser utilizados para especificar os demais átomos. Um vetor combinando os 3 vetores pode ser formado, representado por:

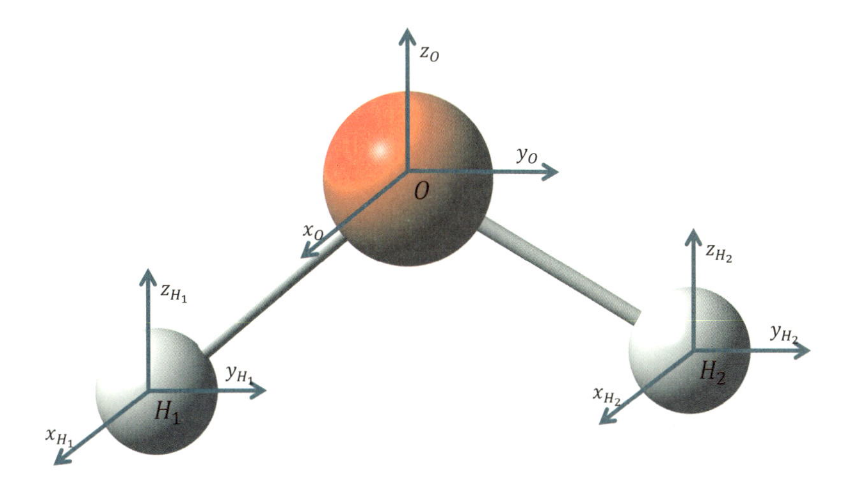

Figura 4.1: Sistema de coordenadas fixado em cada átomo da molécula de água.

$$\left(x_{H_1}, y_{H_1}, z_{H_1}, x_{H_2}, y_{H_2}, z_{H_2}, x_O, y_O, z_O\right) \tag{4.2}$$

que é capaz de descrever o deslocamento de todos os átomos da molécula de uma única vez. Agora, é possível aplicar as operações de simetria do grupo pontual C_{2v}, ao qual a molécula de água pertence, e construir uma matriz de transformação, nessa nova representação, para cada átomo, assim como foi feito no capítulo anterior para o espaço como um todo.

Pegue o elemento C_2, por exemplo. A aplicação da rotação em 180° faz com que o vetor da equação (4.2) seja transformado em

$$\left(-x_{H_2}, -y_{H_2}, z_{H_2}, -x_{H_1}, -y_{H_1}, z_{H_1}, -x_O, -y_O, z_O\right) \tag{4.3}$$

uma vez que

$$\begin{array}{ccc} C_2x_{H_1} = -x_{H_2}; & C_2y_{H_1} = -y_{H_2}; & C_2z_{H_1} = z_{H_2}; \\ C_2x_{H_2} = -x_{H_1}; & C_2y_{H_2} = -y_{H_1}; & C_2z_{H_2} = z_{H_1}; \\ C_2x_O = -x_O; & C_2y_O = -y_O; & C_2z_O = z_O \end{array} \tag{4.4}$$

Desse modo, uma matriz de transformação do C_2 em torno dos eixos cartesianos em cada átomo pode ser montada, tal que a operação descrita em (4.5) seja satisfeita,

$$C_2 \begin{pmatrix} x_{H_1} \\ y_{H_1} \\ z_{H_1} \\ x_{H_2} \\ y_{H_2} \\ z_{H_2} \\ x_O \\ y_O \\ z_O \end{pmatrix} = \begin{pmatrix} -x_{H_2} \\ -y_{H_2} \\ z_{H_2} \\ -x_{H_1} \\ -y_{H_1} \\ z_{H_1} \\ -x_O \\ -y_O \\ z_O \end{pmatrix} \tag{4.5}$$

e a matriz que representa C_2 deve ser:

$$C_2 = \begin{pmatrix} 0 & 0 & 0 & -1 & 0 & 0 & 0 & 0 & 0 \\ 0 & 0 & 0 & 0 & -1 & 0 & 0 & 0 & 0 \\ 0 & 0 & 0 & 0 & 0 & 1 & 0 & 0 & 0 \\ -1 & 0 & 0 & 0 & 0 & 0 & 0 & 0 & 0 \\ 0 & -1 & 0 & 0 & 0 & 0 & 0 & 0 & 0 \\ 0 & 0 & 1 & 0 & 0 & 0 & 0 & 0 & 0 \\ 0 & 0 & 0 & 0 & 0 & 0 & -1 & 0 & 0 \\ 0 & 0 & 0 & 0 & 0 & 0 & 0 & -1 & 0 \\ 0 & 0 & 0 & 0 & 0 & 0 & 0 & 0 & 1 \end{pmatrix} \tag{4.6}$$

Esse procedimento gera uma representação do grupo C_{2v}, chamado Γ_{tot}, útil para determinar os modos vibracionais, para o qual o vetor de deslocamentos constitui a base. O caractere dessa matriz pode ser calculado, encontrando-se $\chi^{(C_2)} = -1$.

Como os traços contêm informações suficientes para decompor Γ_{tot} em representações irredutíveis, é necessário computar apenas os elementos diagonais das matrizes da representação.

Se um átomo particular mudar de posição através de uma operação de simetria, o valor numérico que aparecerá na diagonal da matriz de transformação correspondente àquele átomo será zero; portanto, para essa operação de simetria, esse átomo pode ser ignorado. Por exemplo, os deslocamentos dos átomos de hidrogênio na água não contribuem para o caractere de C_2 em Γ_{tot}. O deslocamento de H_1 significa que os elementos $(1,1)$, $(2,2)$ e $(3,3)$ da matriz são zero.

Para os átomos que não mudam de posição, se o vetor original permanecer na mesma posição, ele contribuirá com +1 para o caractere de Γ_{tot}, e, se ele for levado ao seu negativo, ele contribuirá com −1. Caso os vetores tomem posições diferentes da original e direção oposta, o valor com que o caractere irá contribuir será diferente de +1 e −1, e relações trigonométricas podem ser usadas para calcular a contribuição.

Na água, os demais elementos de simetria são: E, σ_v (xz) e σ_v' (yz). Como a operação identidade deixa inalterados todos os átomos, cada um dos três eixos dos três átomos contribui com +1 para o caractere de E de Γ_{tot}, de modo que $\chi^{(E)} = 9$. A reflexão σ_v' (yz), que corresponde ao plano da molécula, deixa todos os átomos nas mesmas posições, e deixa os eixos x e z dos três átomos inalterados, contribuindo com +6 para o caractere de σ_v' (yz) de Γ_{tot}. Os eixos y são transformados na direção oposta e, desse modo, contribuem com −3 para o caractere de σ_v' (yz) de Γ_{tot}, totalizando, no final, uma contribuição de +3 para o caractere de σ_v' (yz) de Γ_{tot}. A reflexão σ_v (xz) muda a posição dos átomos de hidrogênio entre si, fazendo com que não contribuam para o caractere. Nessa reflexão, os eixos y e z do átomo de oxigênio permanecem inalterados, contribuindo com +2 para o caractere, e o eixo x é transformado na direção oposta, contribuindo com −1 para o caractere, resultando no final uma contribuição de +1 para o caractere de σ_v (xz) de Γ_{tot}. Finalmente, a representação redutível Γ_{tot} pode ser representada por:

	E	C_2	σ_v	σ_v'
Γ_{tot}	9	−1	1	3

Como Γ_{tot} é uma representação redutível, ele pode ser escrito como uma combinação linear das representações irredutíveis do grupo pontual: $\Gamma_{tot} = c(A_1) \cdot A_1 + c(A_2) \cdot A_2 + c(B_1) \cdot B_1 + c(B_2) \cdot B_2$. Para isso, é necessário usar a relação de ortonormalidade a fim de determinar os coeficientes c's. Essa relação é escrita como:

$$c(X) = \frac{1}{h} (\Gamma_{tot} \cdot X) = \frac{1}{h} \left(\sum_i g_i \cdot \chi^i_{\Gamma_{tot}} \cdot \chi^i_X \right) \tag{4.7}$$

em que h é a ordem do grupo, g_i representa a degenerescência do elemento de simetria (para a molécula de NH_3, por exemplo, o elemento E tem uma degenerescência igual a 1; o elemento C_2 tem uma degenerescência igual a 2, e o elemento σ_v tem uma degenerescência igual a 3; para a molécula de água, todos os elementos têm degenerescência igual a 1), $\chi^i_{\Gamma_{tot}}$ representa o caractere do i-ésimo elemento da representação redutível Γ_{tot}, e χ^i_X representa o caractere do i-ésimo elemento da representação irredutível X. A soma é realizada sobre todos os elementos do grupo.

Essa é justamente a regra útil para encontrar as representações irredutíveis a partir de representações redutíveis, citada na seção 3.4.

Assim, para a molécula de água, os coeficientes podem ser encontrados por:

$$
\begin{aligned}
&c(A_1) = \frac{1}{4}(\Gamma_{tot} \cdot A_1) = \frac{1}{4}(1 \cdot 9 \cdot 1 + 1 \cdot (-1) \cdot 1 + 1 \cdot 1 \cdot 1 + 1 \cdot 3 \cdot 1) \\
&c(A_1) = 3 \\
&c(A_2) = \frac{1}{4}(\Gamma_{tot} \cdot A_2) = \frac{1}{4}(1 \cdot 9 \cdot 1 + 1 \cdot (-1) \cdot 1 + 1 \cdot 1 \cdot (-1) + 1 \cdot 3 \cdot (-1)) \\
&c(A_2) = 1 \\
&c(B_1) = \frac{1}{4}(\Gamma_{tot} \cdot B_1) = \frac{1}{4}(1 \cdot 9 \cdot 1 + 1 \cdot (-1) \cdot (-1) + 1 \cdot 1 \cdot 1 + 1 \cdot 3 \cdot (-1)) \\
&c(B_1) = 2 \\
&c(B_2) = \frac{1}{4}(\Gamma_{tot} \cdot B_2) = \frac{1}{4}(1 \cdot 9 \cdot 1 + 1 \cdot (-1) \cdot (-1) + 1 \cdot 1 \cdot (-1) + 1 \cdot 3 \cdot 1) = 3 \\
&c(B_2) = 3
\end{aligned}
\tag{4.8}
$$

Portanto, a representação redutível pode ser decomposta em:

$$\Gamma_{tot} = 3A_1 + 1A_2 + 2B_1 + 3B_2 \tag{4.9}$$

Como dito anteriormente, o movimento com mudança da posição nuclear pode ser decomposto em 3 movimentos: translacional (Γ_{trans}), rotacional (Γ_{rot}) e vibracional (Γ_{vib}). Desse modo, $\Gamma_{tot} = \Gamma_{trans} + \Gamma_{rot} + \Gamma_{vib}$.

O movimento translacional está relacionado com as componentes x, y e z da molécula como um todo, e a análise feita no capítulo anterior permite dizer qual a representação irredutível que cada componente representa, e na tabela de caracteres pode-se encontrar as representações responsáveis pelo movimento translacional verificando em qual espécie de simetria as componentes x, y e z, que aparecem nas últimas colunas da tabela, estão presentes. Para a água, por exemplo, a componente x está em B_1, a componente y está em B_2, e a componente z está em A_1; assim, $\Gamma_{trans} = A_1 + B_1 + B_2$.

O movimento rotacional está associado, na tabela de caracteres, com R_x, R_y e R_z. Caso a molécula não seja linear, a componente Γ_{rot} de Γ_{tot} é encontrada verificando a qual espécie de simetria R_x, R_y e R_z pertencem. Caso a molécula seja linear, a componente Γ_{rot} de Γ_{tot} é encontrada verificando a qual espécie de simetria R_x e R_y pertencem. Para a água, que não é linear, R_x está em B_2, R_y está em B_1, e R_z está em A_2; assim, $\Gamma_{rot} = A_2 + B_1 + B_2$.

De posse de Γ_{tot}, Γ_{trans} e Γ_{rot}, pode-se encontrar Γ_{vib}, que, para a água, é:

$$\begin{aligned}\Gamma_{vib} &= \Gamma_{tot} - \Gamma_{trans} - \Gamma_{rot} \\ &= (3A_1 + 1A_2 + 2B_1 + 3B_2) - (A_1 + B_1 + B_2) - (A_2 + B_1 + B_2) \\ &= 2A_1 + B_2\end{aligned} \tag{4.10}$$

Após essa análise, pode-se concluir que, dos três modos normais de vibração da molécula de água ($3 \times 3 - 6 = 3$), dois possuem simetria A_1 e um possui simetria B_2. Os três modos normais da água estão representados na Figura 4.2.

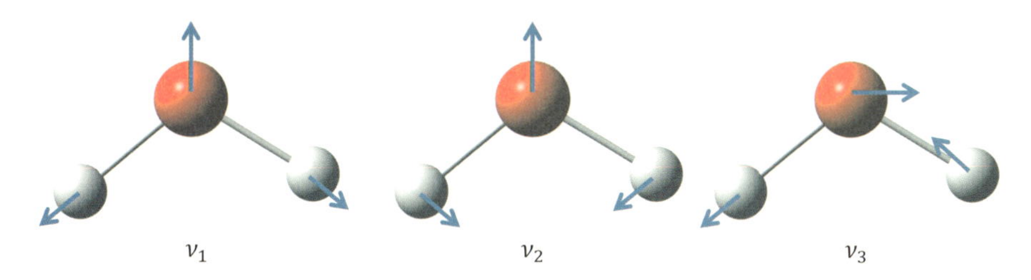

Figura 4.2: Modos normais de vibração da molécula de água.

Perceba, na Figura 4.2, que os átomos vibram, relativamente ao centro de massa da molécula, nas direções indicadas pelas setas. Nos casos ν_1 e ν_3, o comprimento da ligação O – H varia, e esses modos são chamados de estiramento. Para ν_1, em que o comprimento de ligação O – H varia simetricamente, tem-se o *estiramento simétrico*, e, para o caso ν_3, em que o comprimento de ligação O – H varia de forma assimétrica, tem-se o *estiramento assimétrico*. No caso ν_2, o movimento indicado pelas setas deixa o comprimento de ligação constante, e esse modo é chamado de *deformação*. Nessas vibrações, o efeito líquido de todo movimento atômico é preservar o centro de massa da molécula, de modo que não haja movimento translacional líquido.

Para construir as representações da Figura 4.2, é necessário utilizar as coordenadas internas das moléculas e realizar o mesmo procedimento feito anteriormente. Em outras palavras, é preciso encontrar as matrizes de transformação na representação do movimento interno. As coordenadas internas de uma molécula incluem as ligações entre dois átomos, os ângulos entre três átomos ligados em sequência, e os ângulos diedrais entre quatro átomos ligados em sequência. Para a molécula de água, as coordenadas internas são r_{OH_1}, r_{OH_2} e α, em que r_{OH_1} é a ligação entre o átomo H_1 e o átomo de O, r_{OH_2} é a ligação entre o átomo H_2 e o átomo de O, e o ângulo α é o ângulo entre as ligações $H_1 - O - H_2$. Com essas três coordenadas internas, é possível construir o vetor $\left(r_{OH_1}, r_{OH_2}, \alpha\right)$, que pode ser alterado aplicando uma operação de simetria do grupo C_{2v}.

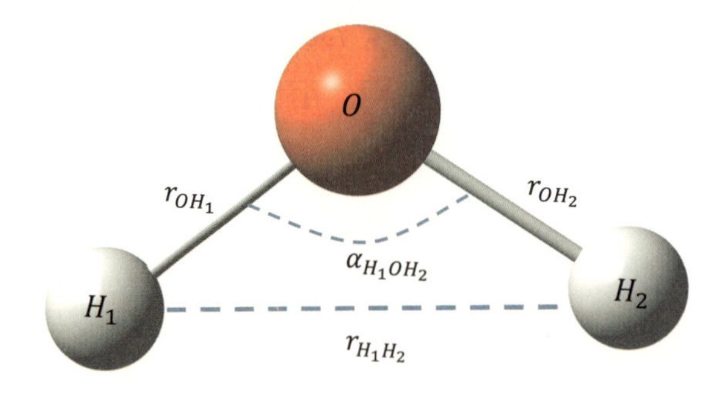

Figura 4.3: Coordenadas internas da molécula de água.

Com o auxílio da Figura 4.3, é possível construir as seguintes relações:

$$
\begin{aligned}
&\mathrm{E}\begin{pmatrix} r_{OH_1} \\ r_{OH_2} \\ \alpha \end{pmatrix} = \begin{pmatrix} r_{OH_1} \\ r_{OH_2} \\ \alpha \end{pmatrix}; \qquad \mathrm{C}_2\begin{pmatrix} r_{OH_1} \\ r_{OH_2} \\ \alpha \end{pmatrix} = \begin{pmatrix} r_{OH_2} \\ r_{OH_1} \\ \alpha \end{pmatrix} \\
&\sigma_v(xz)\begin{pmatrix} r_{OH_1} \\ r_{OH_2} \\ \alpha \end{pmatrix} = \begin{pmatrix} r_{OH_2} \\ r_{OH_1} \\ \alpha \end{pmatrix}; \qquad \sigma_v'(yz)\begin{pmatrix} r_{OH_1} \\ r_{OH_2} \\ \alpha \end{pmatrix} = \begin{pmatrix} r_{OH_1} \\ r_{OH_2} \\ \alpha \end{pmatrix}
\end{aligned} \tag{4.11}
$$

Desse modo, pode-se montar as matrizes que representam cada elemento de simetria e representá-las por:

$$
\begin{aligned}
&\mathrm{E} = \begin{pmatrix} 1 & 0 & 0 \\ 0 & 1 & 0 \\ 0 & 0 & 1 \end{pmatrix}; \qquad \mathrm{C}_2 = \begin{pmatrix} 0 & 1 & 0 \\ 1 & 0 & 0 \\ 0 & 0 & 1 \end{pmatrix} \\
&\sigma_v(xz) = \begin{pmatrix} 0 & 1 & 0 \\ 1 & 0 & 0 \\ 0 & 0 & 1 \end{pmatrix}; \quad \sigma_v'(yz) = \begin{pmatrix} 1 & 0 & 0 \\ 0 & 1 & 0 \\ 0 & 0 & 1 \end{pmatrix}
\end{aligned} \tag{4.12}
$$

De posse das matrizes (4.12), duas metodologias podem ser aplicadas para determinar os modos normais de vibração. A primeira consiste em encontrar os caracteres de cada matriz $(3, 1, 1, 3)$, que representa Γ_{vib}, e, então, aplicar a relação de ortonormalidade (4.7) para poder escrever Γ_{vib} como uma combinação linear das espécies de simetria irredutíveis. A segunda consiste em dividir as matrizes em matrizes bloco-diagonal, obter o caractere de cada matriz bloco diagonal e, então, aplicar a relação de ortonormalidade (4.7). Aplicando a segunda metodologia, obtém-se:

$$
\begin{gathered}
\mathrm{E} = \begin{pmatrix} \begin{bmatrix} 1 & 0 \\ 0 & 1 \end{bmatrix} & \begin{matrix} 0 \\ 0 \end{matrix} \\ \begin{matrix} 0 & 0 \end{matrix} & [1] \end{pmatrix}; \qquad \mathrm{C}_2 = \begin{pmatrix} \begin{bmatrix} 0 & 1 \\ 1 & 0 \end{bmatrix} & \begin{matrix} 0 \\ 0 \end{matrix} \\ \begin{matrix} 0 & 0 \end{matrix} & [1] \end{pmatrix} \\
\sigma_{\mathrm{v}}(\mathrm{xz}) = \begin{pmatrix} \begin{bmatrix} 0 & 1 \\ 1 & 0 \end{bmatrix} & \begin{matrix} 0 \\ 0 \end{matrix} \\ \begin{matrix} 0 & 0 \end{matrix} & [1] \end{pmatrix}; \quad \sigma_{\mathrm{v}}'(\mathrm{yz}) = \begin{pmatrix} \begin{bmatrix} 1 & 0 \\ 0 & 1 \end{bmatrix} & \begin{matrix} 0 \\ 0 \end{matrix} \\ \begin{matrix} 0 & 0 \end{matrix} & [1] \end{pmatrix}
\end{gathered} \tag{4.13}
$$

Os caracteres das duas espécies de simetria podem ser encontrados e são:

	E	C_2	σ_v	σ_v'
1	2	0	0	2
2	1	1	1	1

Evidentemente, a segunda representação é a representação da espécie de simetria A_1, e as matrizes (4.13) foram divididas na forma bloco-diagonal de tal modo que a segunda representação diz respeito somente ao ângulo α. Assim, a segunda representação é uma representação simétrica que mantém as ligações com comprimento fixo e altera somente o ângulo de ligação, que é representado espacialmente por ν_2 na Figura 4.2. Aplicando a relação de ortonormalidade na primeira representação, encontra-se $A_1 + B_2$, e as matrizes (4.13) foram divididas na forma bloco-diagonal de tal maneira que a primeira representação diz respeito somente aos comprimentos de ligação. Desse modo, a primeira representação é uma representação simétrica A_1 e uma antissimétrica B_2, em relação ao eixo de rotação C_2, que mantém o ângulo de ligação fixo e altera somente o comprimento das ligações, que é representado espacialmente por ν_1 e ν_3 na Figura 4.2.

Após essa análise de coordenadas internas, pode-se dizer que ν_1 é um estiramento simétrico com representação A_1; ν_2 é uma deformação com representação A_1; e ν_3 é um estiramento antissimétrico com representação B_2.

Agora, resta avaliar se esses modos normais de vibração são ativos no IV e/ou no Raman. Uma análise matemática mais complexa pode ser feita, encontrando que, para a regra de seleção do IV, os modos normais de vibração que causarão uma mudança no momento de dipolo permanente da molécula são aqueles que possuírem as mesmas espécies de simetria de x ou y ou z, na tabela de caracteres. Assim, para saber se um modo normal de vibração é ativo no IV, basta verificar se a sua espécie de simetria é uma das de x ou y ou z, na tabela de caracteres. Na molécula de água, as espécies de simetria de x, y e z são, respectivamente, B_1, B_2 e A_1; dessa forma, os modos normais de vibração ν_1, ν_2 e ν_3 são ativos no IV.

Uma análise matemática mais complexa, e similar à feita para o IV, pode ser realizada para a espectroscopia Raman, encontrando que os modos normais de vibração que causarão uma mudança na polarizabilidade da molécula são aqueles que possuem as mesmas espécies de simetria que uma função quadrática, xy, $x^2 - y^2$, z^2, por exemplo, na tabela de caracteres. Assim, para verificar se um modo normal de vibração é ativo no Raman, basta verificar se a sua espécie de simetria é uma das de uma função quadrática, na tabela de caracteres. Na molécula de água, as espécies de simetria de x^2, xy, xz e yz são, respectivamente, A_1, A_2, B_1 e B_2; assim, os modos normais de vibração ν_1, ν_2 e ν_3 são ativos no Raman.

Dessa maneira, um espectro IV da molécula de água deve apresentar 3 bandas, assim como seu espectro Raman, conforme exemplificado na Figura 4.4 com o espectro IV.

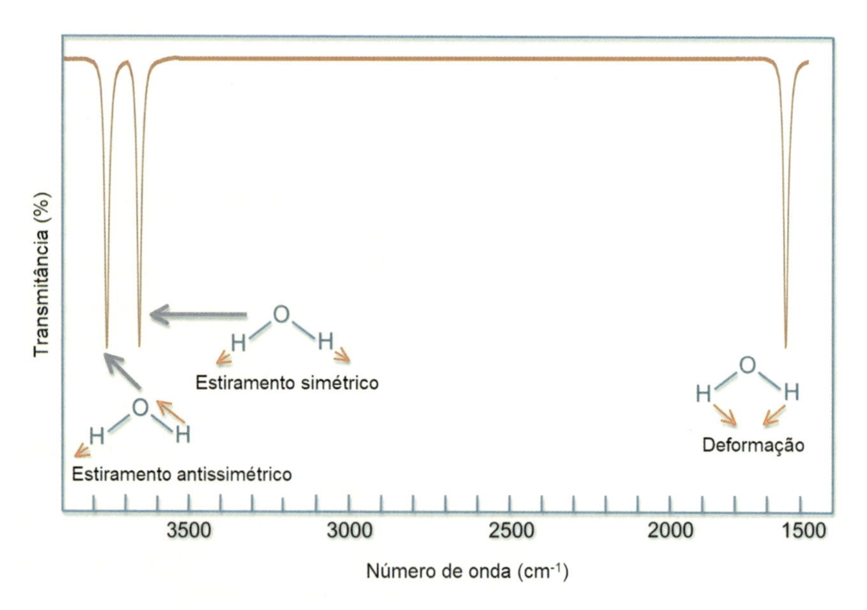

Figura 4.4: Espectro de absorção no infravermelho da molécula de água.

A vibração de flexão tem menor energia que uma vibração de alongamento. A ordem das energias para as vibrações é:

$$\nu_{as} > \nu_s > \delta \tag{4.14}$$

em que ν_{as} representa o estiramento antissimétrico, ν_s representa o estiramento simétrico, e δ representa a deformação.

De modo bem genérico, as vibrações podem ser classificadas em dois tipos: de alongamento e de deformação. Na água existe uma única deformação, que é simétrica e acontece no plano da molécula; no entanto, outros tipos de deformação existem em outras moléculas, com o ângulo de ligação mudando dentro ou fora do plano. Para deformações que acontecem no plano, existem basicamente dois tipos: simétrica e antissimétrica, que recebem nomes especiais. A deformação simétrica recebe o nome de modo de tesoura (do inglês *scissoring mode*) e é simbolizada por δ_s. A deformação antissimétrica recebe o nome de modo de balanço (do inglês *rocking mode*) e é simbolizada por δ_r. As deformações no plano estão representadas na Figura 4.5.

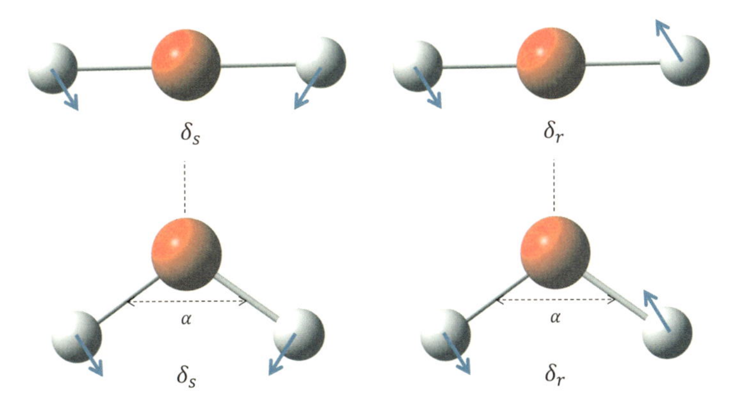

Figura 4.5: Modos normais de vibração do tipo deformação no plano da molécula.

Nos modos normais de vibração do tipo deformação fora do plano, pode haver dois tipos para moléculas do tipo XY_2, um modo simétrico e um modo antissimétrico. O modo simétrico recebe o nome especial de modo de "abanar" (do inglês *wagging mode*) e representa as ligações X – Y entrando e saindo do plano da molécula de forma simétrica, sendo simbolizado por δ_w. O modo antissimétrico recebe o nome especial de modo de "torcer" (do inglês *twisting mode*) e representa as ligações X – Y entrando e saindo do plano da molécula de forma antissimétrica, sendo simbolizado por δ_t. As deformações no plano estão representadas na Figura 4.6, em que o símbolo $\oplus$ representa o átomo saindo do plano da molécula, e o símbolo $\ominus$ representa o átomo entrando no plano da molécula. Muitos outros modos vibracionais podem existir, conforme aumenta a complexidade da molécula.

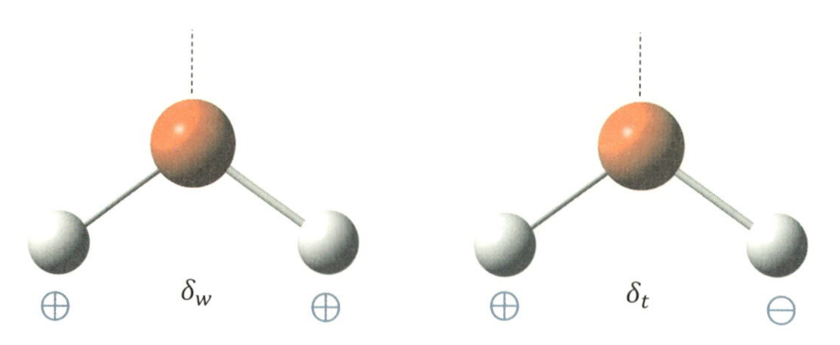

Figura 4.6: Modos normais de vibração do tipo deformação fora do plano da molécula.

Outra regra, que é de extrema importância e deve ser mencionada, é a *regra de seleção mútua*, que diz que, se uma molécula tem centro de inversão, nenhum dos seus modos normais de vibração pode ser simultaneamente ativo no IV e no Raman, embora um modo possa ser inativo em ambos. Analise as tabelas de caracteres de grupos pontuais que tenham o elemento inversão no grupo para verificar essa regra. Provas para essa regra podem ser encontradas nos livros indicados.

No caso da molécula de amônia, que pertence ao grupo pontual C_{3v}, a visão da molécula com os eixos cartesianos em cada átomo está mostrada na Figura 4.7.

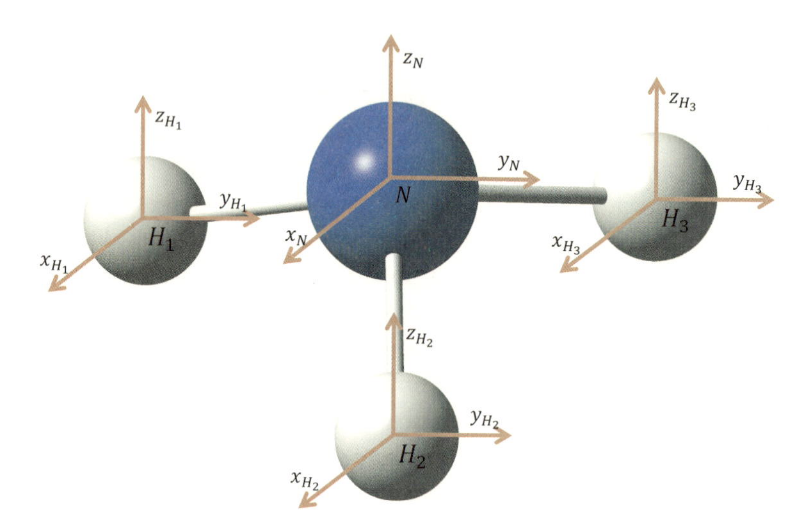

Figura 4.7: Sistema de coordenadas fixado em cada átomo da molécula de amônia.

Aplicando as ideias desenvolvidas anteriormente (mudança de posição dos átomos), conclui-se que a representação redutível Γ_{tot} pode ser representada por:

	E	$2C_3$	$3\sigma_v$
Γ_{tot}	12	0	2

Para obter os caracteres de C_3 e σ_v, é necessário fazer a seguinte análise: aplicando a operação de rotação de (360°)/3 em torno do eixo principal, os átomos de hidrogênio mudam de posição e contribuem com zero para o caractere da representação redutível Γ_{tot}. Desse modo, é preciso apenas analisar a mudança do sistema de coordenadas sobre o átomo de nitrogênio. Como o eixo de rotação coincide com o eixo z, $C_3 z_N = z_N$. Agora, os eixos x e y coincidem com os eixos da Figura 3.2. Logo, podem-se utilizar as ideias desenvolvidas naquele capítulo para concluir que $C_3 x_N = \cos 120^\circ\ x - \text{sen}\ 120^\circ\ y$, $C_3 y_N = \text{sen} 120^\circ\ x + \cos 120^\circ\ y$. Assim, a matriz que representa a mudança do sistema de coordenadas sobre o átomo de nitrogênio é:

$$C_3 \begin{pmatrix} x_N \\ y_N \\ z_N \end{pmatrix} = \begin{pmatrix} \cos 120^\circ & -\text{sen}\ 120^\circ & 0 \\ \text{sen}\ 120^\circ & \cos 120^\circ & 0 \\ 0 & 0 & 1 \end{pmatrix} \tag{4.15}$$

$$\cos 120^\circ = -0,5$$

Desse modo, o caractere do elemento C_3 da representação redutível Γ_{tot} é zero $(9 \cdot 0 + 2 \cdot (-0,5) + 1)$. Para obter o caractere de σ_v, adote, por exemplo, o plano que contém o átomo de hidrogênio 1. Esse plano muda a posição dos átomos de hidrogênio 2 e 3. Logo, eles não contribuem para o caractere do elemento. No átomo de hidrogênio 1, a operação σ_v deixa inalterados dois eixos de coordenadas (sendo um deles o eixo z) e muda o sinal do outro eixo, fazendo com que o átomo de hidrogênio 1 contribua com +1 $(2 \cdot 1 + 1 \cdot (-1))$ para o caractere de σ_v da representação redutível Γ_{tot}. No átomo de nitrogênio, a operação σ_v também deixa inalterados os mesmos dois eixos de coordenadas que no átomo de hidrogênio e inverte o outro eixo, contribuindo também com +1 para o caractere. Assim, o caractere do elemento σ_v da representação redutível Γ_{tot} é +2. Caso não tenha visualizado o que foi dito anteriormente, olhe para a Figura 4.8, colocando sobre cada átomo um sistema de coordenadas x, y, z, de modo que a coordenada z seja paralela ao eixo C_3, e, para o átomo de hidrogênio que contém o plano σ_v, o eixo z esteja no plano. Coloque, também, ou o eixo x ou o eixo y do átomo de hidrogênio que contém o plano σ_v, de tal forma que ele contenha o plano σ_v e seja perpendicular ao eixo z. Isso facilitará a visualização do que foi dito neste parágrafo.

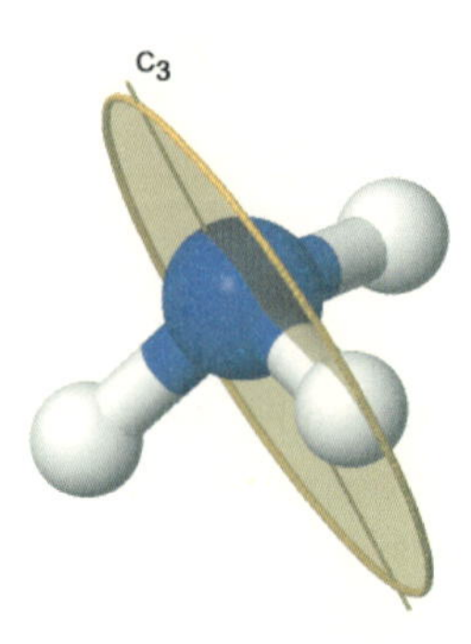

Figura 4.8: Visão da molécula de amônia com dois elementos de simetria.

A relação de ortonormalidade pode ser aplicada para reduzir a representação redutível Γ_{tot} em uma combinação linear de representações irredutíveis, de tal forma que:

$$\Gamma_{tot} = 3A_1 + A_2 + 4E \tag{4.16}$$

As representações dos movimentos translacional e rotacional podem ser encontradas analisando a tabela de caracteres do grupo pontual C_{3v}, de tal forma que $\Gamma_{trans} = A_1 + E$ e $\Gamma_{rot} = A_2 + E$.

Você pode estar se perguntando por que, tanto na representação do movimento translacional quanto na representação do movimento rotacional, a combinação linear resultante possui somente 1E e não 2E. Lembre-se de que E é uma espécie de simetria duplamente degenerada, e quando ela é escrita contabilizam-se duas espécies de simetria. Assim, embora (4.16) aparente ter 8 espécies de simetria, têm-se, na verdade, 12 espécies, das quais 4 são duplamente degeneradas. Perceba que, na tabela de caracteres do grupo pontual C_{3v}, as espécies x e y, R_x e R_y estão escritas como (x, y) e (R_x, R_y), indicando que elas estão acopladas, o que é uma característica de espécies degeneradas. Então, quando estiver trabalhando com grupos pontuais com espécies degeneradas, fique atento(a) para não contabilizar mais espécies de simetria do que o necessário.

Dito isso, a representação do movimento vibracional pode ser escrita como:

$$\Gamma_{vib} = 2A_1 + 2E \tag{4.17}$$

Assim, existem na amônia seis modos normais de vibração: dois modos vibracionais pertencem à simetria A_1 e quatro modos vibracionais correspondem a dois pares de modos duplamente degenerados, pertencentes à simetria E, e todos os modos são ativos tanto no IV quanto no Raman.

Uma análise de coordenadas internas permite que você construa as representações visuais desses modos normais. Treine para a amônia e veja se encontra as representações indicadas na Figura 4.9. Uma dica é que na amônia existem 6 coordenadas internas, 3 que representam as ligações N – H e 3 que representam os ângulos H – N – H.

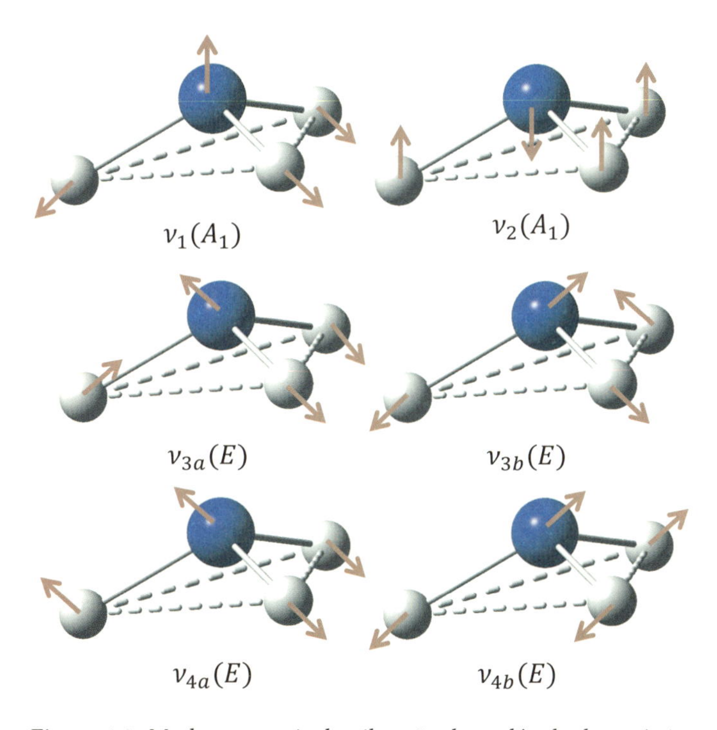

Figura 4.9: Modos normais de vibração da molécula de amônia.

Quando se deseja analisar os modos normais de vibração de um determinado tipo de estiramento, um procedimento mais simples pode ser utilizado. Considere, como exemplo, que se deseja determinar os modos normais responsáveis pelo estiramento N – H na molécula NH_3. Para obtê-los, considera-se que a amônia contém 3 estiramentos N – H (independentemente do sentido). Então, verificam-se quais as contribuições de cada um dos 3 estiramentos para cada um dos elementos de simetria do grupo pontual C_3v: (a) Identidade: os 3 estiramentos permanecem inalterados após a realização da operação de simetria correspondente à identidade e, portanto, contribuem com +3; (b) Rotação C_3: os 3 estiramentos mudam de posição após a realização da operação de simetria correspondente à rotação de 120° e, portanto, contribuem com 0; (c) Reflexão σ_v: apenas 1 estiramento muda de posição após a realização da operação de simetria correspondente à reflexão e, portanto, contribui com +1.

Depois de verificar quais são as contribuições dos estiramentos, deve-se encontrar a combinação linear das representações irredutíveis delas. Realizando um procedimento semelhante ao da equação (4.8), encontra-se que a combinação linear é: $1A_1 + 1E$. Isso significa que, devido ao estiramento simétrico, existem 3 modos de vibração: 1 modo A_1 totalmente simétrico e 2 modos degenerados E. Perceba que, ao realizar esse procedimento, não foi possível dizer nada a respeito dos 3 modos normais decorrentes de deformações na amônia. No entanto, se apenas os estiramentos de determinadas ligações são interessantes para sua análise, esse procedimento é muito mais rápido e poderá fornecer as informações necessárias.

Análises semelhantes, de forma mais simplificada, podem ser realizadas para a molécula tetraédrica CH_4 e para a molécula octaédrica SF_6.

A molécula de metano, que é formada por 5 átomos, possui $(3 \cdot 5) - 6 = 9$ modos normais de vibração. Aplicando a metodologia das coordenadas cartesianas, é possível encontrar a seguinte representação redutível:

	E	$8C_3$	$3C_2$	$6S_4$	$6\sigma_d$
Γ_{tot}	15	0	−1	−1	3

Verifique essa representação.

A relação de ortonormalidade pode ser aplicada para reduzir a representação redutível Γ_{tot} em uma combinação linear de representações irredutíveis, de tal forma que:

$$\Gamma_{tot} = A_1 + E + T_1 + 3T_2 \tag{4.18}$$

As representações dos movimentos translacional e rotacional podem ser encontradas analisando a tabela de caracteres do grupo pontual T_d, de tal forma que $\Gamma_{trans} = T_2$ e $\Gamma_{rot} = T_1$.

Assim, a representação do movimento vibracional pode ser escrita como:

$$\Gamma_{vib} = A_1 + E + 2T_2 \tag{4.19}$$

Logo, existem no metano nove modos normais de vibração, um modo vibracional pertencente à simetria A_1, um modo vibracional duplamente degenerado pertencente à simetria E, e dois modos vibracionais triplamente degenerados pertencentes à simetria T_2. Os modos T_2 são os únicos ativos no IV, mas todos são ativos no Raman.

Realize a metodologia das coordenadas internas que, para o caso do metano, é formada por quatro estiramentos $C - H$ e seis ângulos $H - C - H$. Ao final da metodologia, você encontrará dez modos normais, um a mais que o encontrado pela metodologia anterior. Esse modo adicional é um modo A_1 e é responsável pela mudança simétrica de todos os seis ângulos H – C – H, assim como o outro modo A_1 é responsável pela mudança simétrica dos quatro estiramentos C – H.

No entanto, embora seja possível mudar os quatro estiramentos simétrica e simultaneamente, não é possível mudar os seis ângulos simultaneamente. Se quaisquer cinco ângulos forem alterados, o sexto ângulo estará automaticamente definido. Dessa forma, o segundo modo normal de vibração A_1 do metano deve ser desconsiderado na metodologia de coordenadas internas.

A vantagem da utilização dessa metodologia é encontrar a representação espacial dos modos normais de vibração. Verifique que o modo A_1 é decorrente puramente dos estiramentos, os modos duplamente degenerados E são decorrentes puramente de deformações, e os modos triplamente degenerados são decorrentes de estiramentos e deformações.

A molécula de SF_6, que é formada por 7 átomos, possui $(3 \cdot 7) - 6 = 15$ modos normais de vibração. Aplicando a metodologia das coordenadas cartesianas, é possível encontrar a seguinte representação redutível:

	E	$8C_3$	$6C_2'$	$6C_4$	$3C_4^2$	i	$6S_4$	$8S_6$	$3\sigma_h$	$6\sigma_d$
Γ_{tot}	21	0	−1	3	−3	−3	−3	0	5	3

Verifique essa representação.

A relação de ortonormalidade pode ser aplicada para reduzir a representação redutível Γ_{tot} em uma combinação linear de representações irredutíveis, de tal forma que:

$$\Gamma_{tot} = A_{1g} + E_g + T_{1g} + 3T_{1u} + T_{2g} + T_{2u} \qquad (4.20)$$

As representações dos movimentos translacional e rotacional podem ser encontradas analisando a tabela de caracteres do grupo pontual O_h, de tal forma que $\Gamma_{trans} = T_{1u}$ e $\Gamma_{rot}=T_{1g}$.

Logo, a representação do movimento vibracional pode ser escrita como:

$$\Gamma_{vib} = A_{1g} + E_g + 2T_{1u} + T_{2g} + T_{2u} \qquad (4.21)$$

Assim, existem no SF_6 15 modos normais de vibração, 1 modo vibracional pertencente à simetria A_{1g}, 1 modo vibracional duplamente degenerado pertencente à simetria E_g, e 4 modos vibracionais triplamente degenerados, pertencentes às simetrias T_{1u}, T_{2g} e T_{2u}. Os modos T_{1u} são os únicos ativos no IV. No espectro Raman, os modos normais A_{1g}, E_g e T_{2g} são ativos. Perceba que os modos ativos no IV não são ativos no Raman, e vice-versa, como era de esperar pela regra de seleção mútua. Perceba, também, que o modo T_{2u} não é ativo nem no IV nem no Raman.

Realize a metodologia das coordenadas internas que, para o caso do SF_6, é formada por 6 estiramentos $S-F$ e 12 ângulos $F-S-F$. Ao final da metodologia, você encontrará 18 modos normais, 3 a mais que o encontrado pela metodologia anterior. Encontre quais são os 3 modos e justifique o fato de eles serem proibidos fisicamente ou serem redundantes.

Novamente, a vantagem da utilização da metodologia de coordenadas internas é encontrar a representação espacial dos modos normais de vibração. Verifique que os modos A_{1g} e E_g são decorrentes puramente dos estiramentos, os modos triplamente degenerados T_{2g} e T_{2u} são decorrentes puramente de deformações, e os modos triplamente degenerados T_{1u} são formados tanto por estiramentos quanto por deformações.

A metodologia das coordenadas cartesianas também pode ser aplicada para estudar o espectro de compostos inorgânicos, como, por exemplo, complexos octaédricos de metal-carbonilas, de forma análoga à realizada anteriormente. No entanto, essa tarefa pode se tornar muito complicada. Comojá mencionado, a metodologia de coordenadas internas é um procedimento muito mais rápido e pode fornecer as informações necessárias.

Considere, por exemplo, que se deseja determinar os modos normais de vibração decorrentes do estiramento CO no complexo $M(CO)_6$. Para isso, assume--se que cada uma das ligações CO é um estiramento ν_i. Aplicando as operações de simetria do grupo pontual O_h, é possível encontrar a seguinte representação redutível (verificando quantos estiramentos ν_i permanecem inalterados após a aplicação da operação de simetria de seu respectivo elemento de simetria):

	E	$8C_3$	$6C_2'$	$6C_4$	$3C_4^2$	i	$6S_4$	$8S_6$	$3\sigma_h$	$6\sigma_d$
Γ_{tot}	6	0	0	2	2	0	0	0	4	2

Verifique essa representação.

A relação de ortonormalidade pode ser aplicada para reduzir a representação redutível Γ_{CO} em uma combinação linear de representações irredutíveis, de tal forma que:

$$\Gamma_{CO} = A_{1g} + E_g + T_{1u} \tag{4.22}$$

Consultando a tabela de caracteres do grupo pontual O_h, é possível verificar que o modo A_{1g} é ativo apenas no Raman; o modo E_g também é ativo apenas no Raman; e o modo T_{1u} é ativo apenas no IV. Dessa maneira, no espectro de infravermelho haverá apenas uma banda decorrente do estiramento CO, enquanto no espectro Raman haverá duas bandas decorrentes do estiramento CO (diferentes da banda encontrada no IV).

Esse complexo pode sofrer reações de substituição que alterarão a geometria e a simetria do complexo resultante, e, consequentemente, haverá alterações nas quantidades de bandas encontradas, e o mesmo procedimento pode ser aplicado para estudar esses novos compostos. Em Oliveira (2019), você encontrará uma discussão bem detalhada de espectroscopia no infravermelho de complexos octaédricos.

Perceba que todas as análises feitas dependeram da geometria da molécula e de sua simetria, e uma mudança em qualquer uma das duas causaria alterações em todas as conclusões geradas. Desse modo, a Teoria de Grupo, juntamente com a espectroscopia, pode ser utilizada para investigar a geometria de moléculas, uma vez que cada geometria fornece uma análise diferente e, consequentemente, um espectro diferente, assim como uma análise do desaparecimento de bandas do espectro IV e/ou Raman.

Perceba, também, que, quanto maior o número de átomos que compõem a molécula, mais complicada fica a análise, e dividir a molécula em fragmentos facilita o tratamento utilizando Teoria de Grupo.

Os espectros vibracionais de amostras reais são muito mais complexos do que $3N - 6$ ou $3N - 5$ bandas, mas a abordagem de modos normais de vibração permite que muitas conclusões sejam tomadas e permite explicar o surgimento de muitas outras bandas do espectro. No entanto, uma abordagem mais aprofundada da natureza dos espectros está fora do escopo deste texto.

Assim, combinar informações de geometria molecular, simetria molecular, espectroscopia IV e espectroscopia Raman é como resolver um quebra-cabeça em que, ao final, todas as peças se encaixam, se forem tratadas de forma adequada, e conclusões sobre a estrutura molecular podem ser geradas combinando o que é previsto na teoria com o que é visto na prática.

4.4 Exercícios

4.1 – Considere a molécula de SF_4 com as geometrias: gangorra, tetraédrica e quadrada. Usando argumentos de simetria molecular e as informações das bandas de absorção dos espectros IV e Raman da molécula, defina sua geometria.

Bandas de absorção IV (cm^{-1}): 892, 867, 730, 558, 532, 465, 353 e 226.
Bandas de absorção Raman (cm^{-1}): 892, 867, 730, 558, 532, 465, 401, 353 e 226.

4.2 – Considere a molécula de BF_3 com as geometrias piramidal e planar. Usando argumentos de simetria molecular e as informações das bandas de absorção do espectro IV e Raman da molécula, defina sua geometria. Por fim, diga quais modos normais dessa molécula serão estiramentos BF.

Bandas de absorção IV (cm^{-1}): 1446, 691 e 480.
Bandas de absorção Raman (cm^{-1}): 1446, 888, e 480.

4.3 – Quais os modos de estiramento CO da molécula $\left(\eta^6 - \text{benzeno}\right) Cr(CO)_3$?

Bandas de absorção IV e Raman do estiramento CO da molécula $\left(\eta^6 - \text{benzeno}\right) Cr(CO)_3$ (cm^{-1}): 2200 e 1800.

4.4 – Quantos modos normais de vibração existem para a molécula de B_2H_6? Quais os modos normais que serão estiramentos $B - H_{terminal}$?

4.5 – O complexo $\left[Pt\,(Et_2S)_2\,Cl_2\right]$ pode apresentar geometrias *cis* e *trans*. Os dois isômeros foram sintetizados e separados, e seus espectros IV foram obtidos. Um composto apresentou duas bandas devidas ao estiramento (Pt – Cl) em 330 e 318 cm^{-1}; o outro composto apresentou uma única banda devida ao estiramento (Pt – Cl) em 342 cm^{-1}. Atribua esses valores aos compostos *cis* e *trans*.

4.6 – Discuta como os isômeros *cis* e *trans* da molécula N_2F_2 podem ser distinguidos por medidas de infravermelho e Raman.

Capítulo 5

Teoria do Orbital Molecular

Outra aplicação de Teoria de Grupo é na Teoria do Orbital Molecular (TOM). A TOM envolve a combinação de orbitais atômicos para construir orbitais moleculares e poder explicar, de forma simples, o paramagnetismo do oxigênio, a existência do B_2H_6, a não existência do He_2, entre outros. Desse modo, ao longo deste capítulo será necessário fazer uma breve apresentação da teoria, por meio de uma aplicação em moléculas diatômicas, que não precisa, necessariamente, utilizar Teoria de Grupo para sua construção, e provavelmente você deve se lembrar do seu professor de química geral realizando esse procedimento. Após esse breve panorama, será feita a construção de orbitais moleculares de moléculas poliatômicas utilizando a Teoria de Grupo, o que, provavelmente, não foi abordado em seu curso de química geral. A Teoria do Orbital Molecular é muito utilizada para a explicação de propriedades moleculares, e muitos métodos quânticos a utilizam. No entanto, a abordagem mais matemática dessa teoria está fora do escopo deste texto. Para obter uma descrição mais precisa e elegante da TOM, vários livros podem ser consultados, entre eles: Szabo (1982), Helgaker; Olsen & Jorgensen (2013) e Levine (2013).

5.1 Moléculas diatômicas do primeiro período

Você provavelmente deve se lembrar de quando seu professor de química geral apresentou os orbitais atômicos, dizendo que eles eram resultantes da solução da equação de Schrödinger. No entanto, a equação só era resolvida analiticamente para os átomos hidrogenoides, e aproximações eram necessárias para encontrar a forma dos orbitais dos demais átomos. Para estudar moléculas, novamente a equação de Schrödinger deve ser resolvida, e, dada a complexidade de resolvê-la analiticamente, aproximações são introduzidas e, assim, foi desenvolvida a Teoria do Orbital Molecular (TOM).

Quando se considera o hidrogênio molecular, por exemplo, pode-se pensar na sua formação por meio da aproximação de dois átomos de hidrogênio, infinitamente afastados, encontrando uma determinada configuração que minimiza a repulsão eletrônica e maximiza a atração elétron-núcleo. Essa mesma imagem pode ser feita para as demais moléculas simples a serem estudadas.

Uma vez que se pode pensar nas moléculas como formadas por átomos, é possível pensar que os orbitais moleculares são formados por uma combinação dos orbitais atômicos dos átomos que formam a molécula. Essa é a base para a construção dos orbitais moleculares, que são formados por uma Combinação Linear de Orbitais Atômicos (CLOA).

Vamos iniciar a discussão com uma molécula bem simples e aumentar a dificuldade gradualmente.

Considere a molécula de hidrogênio, H_2. Pelo que foi discutido anteriormente, sua função de onda molecular será formada pela CLOA dos orbitais atômicos 1s de cada átomo de hidrogênio. Assim,

$$\psi(H_2) = c_1 1s(H_1) + c_2 1s(H_2) \tag{5.1}$$

Os coeficientes c_1 e c_2 vão dizer qual é a contribuição de cada orbital atômico para a construção dos orbitais moleculares. No entanto, quando utilizamos a TOM, surgem algumas regras que dizem respeito à construção dos orbitais moleculares.

(1) Somente orbitais de mesma simetria podem se combinar

Ao discutir a forma dos orbitais, provavelmente você se lembra de seu professor de química geral dizer que os orbitais s possuíam simetria esférica, e que poderiam se combinar entre si e com orbitais p_z, uma vez que o eixo z é adotado como eixo da ligação em moléculas lineares. Esses orbitais podem se combinar conforme esquematizado na Figura 5.1.

Perceba, no entanto, que os orbitais p_z podem se combinar de duas maneiras, uma com a sobreposição dos lóbulos de mesmo sinal (assim como na terceira imagem da Figura 5.1) e outra com a sobreposição dos lóbulos de sinais contrários (inverta um orbital p_z da terceira imagem da Figura 5.1). Essas combinações são chamadas de *combinações construtiva* e *destrutiva*, respectivamente. O mesmo é válido para a combinação do orbital s com o orbital p_z, gerando a combinação construtiva (esquematizada na segunda imagem da Figura 5.1) e a combinação destrutiva, na qual o orbital s se combina com o oposto do orbital p_z. Por fim, a

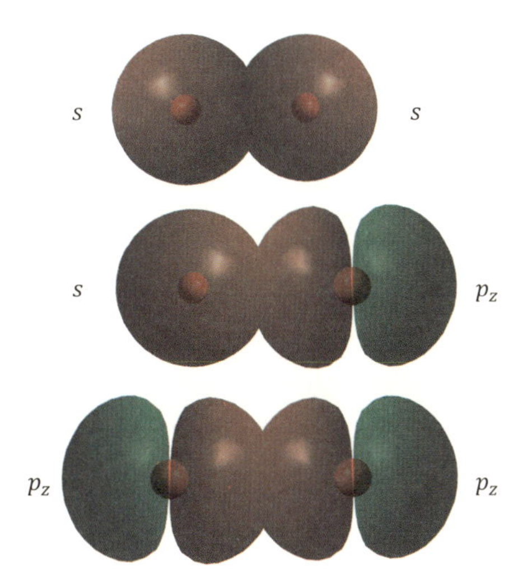

Figura 5.1: Combinações dos orbitais s e p_z.

combinação dos orbitais s também pode ser construtiva ou destrutiva, combinando orbitais 1s com mesmo sinal e combinando orbitais 1s com sinais opostos.

No que diz respeito aos orbitais p_x e p_y, em moléculas lineares, eles só podem se combinar entre si, isto é, orbitais p_x só se combinam com orbitais p_x, e orbitais p_y só podem se combinar com orbitais p_y. A combinação destrutiva pode ser obtida invertendo um dos orbitais. Perceba, também, que na combinação destrutiva surgirá um plano nodal entre os orbitais, dando ao orbital molecular a aparência de um orbital d. A Figura 5.2 esquematiza as combinações construtivas e destrutivas de dois orbitais p_x, por exemplo.

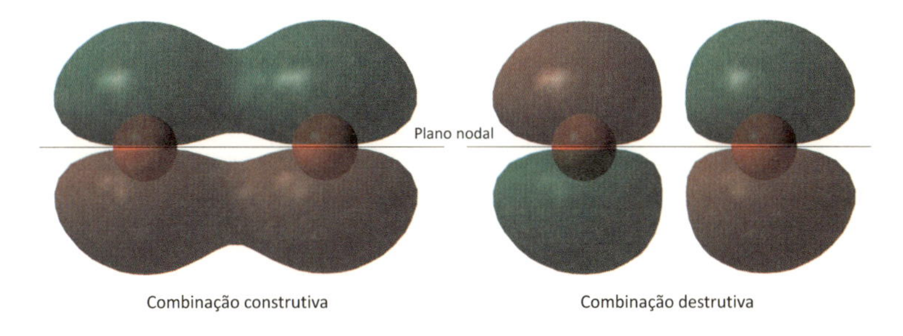

Figura 5.2: Combinações dos orbitais p_x.

Perceba que o recobrimento da combinação $p_x - p_x$ ou $p_y - p_y$ é menos efetivo que o recobrimento $s - s$, $s - p_z$ ou $p_z - p_z$, uma vez que o recobrimento $p_x - p_x$, por exemplo, é um recobrimento lateral, e o recobrimento s – s, por exemplo, envolve a sobreposição direta dos orbitais. Com base nessa discussão de combinação construtiva e combinação destrutiva, surge a segunda regra para construção de orbitais moleculares. Discussão mais aprofundada sobre as contribuições construtivas e destrutivas será feita ao longo dos exemplos.

(2) A combinação de n orbitais atômicos gera n orbitais moleculares
Facilmente, dessa regra, nota-se que a função de onda em (5.1) não é suficiente para construir os orbitais moleculares da molécula de hidrogênio. É necessária mais uma função de onda, com c_1 e c_2 diferentes de (5.1), que chamaremos de c_1' e c_2'.

$$\begin{aligned} \psi_1(H_2) &= c_1 1s(H_1) + c_2 1s(H_2) \\ \psi_2(H_2) &= c_1' 1s(H_1) + c_2' 1s(H_2) \end{aligned} \tag{5.2}$$

Uma das combinações, $\psi_1(H_2)$, é resultante da combinação construtiva dos orbitais atômicos; como a molécula é homonuclear, os dois orbitais atômicos contribuem igualmente para a construção do orbital molecular; assim, $c_1 = c_2$.

A outra combinação, $\psi_2(H_2)$, é resultante da combinação destrutiva dos orbitais atômicos e, novamente, como a molécula é homonuclear, os dois orbitais atômicos contribuem igualmente, em módulo, para a construção do orbital molecular, mas com orientações opostas; assim, $c_1' = -c_2'$.

Por fim, os dois orbitais moleculares resultantes possuem a forma matemática dada por (5.3), em que as constantes foram encontradas assumindo que o orbital molecular resultante é normalizado.

$$\begin{aligned} \psi_1(H_2) &= \frac{1}{\sqrt{2}}[1s(H_1) + 1s(H_2)] \\ \psi_2(H_2) &= \frac{1}{\sqrt{2}}[1s(H_1) - 1s(H_2)] \end{aligned} \tag{5.3}$$

Os gráficos dos orbitais moleculares podem ser plotados, como mostrado nas Figuras 5.3 e 5.4. A Figura 5.3 apresenta uma visão bidimensional, ao longo da coordenada radial, das funções de onda moleculares (em vermelho) resultantes da combinação de funções de onda atômicas (em preto).

De posse das funções de onda moleculares, pode-se construir os orbitais moleculares, mostrados na Figura 5.4. Nessa figura, pode-se ver que o orbital molecular formado da combinação construtiva gera uma distribuição homogênea da densidade eletrônica, com uma probabilidade de encontrar elétrons na região entre os átomos de hidrogênio. Essa combinação construtiva, simbolizada também por $(+)1s(H_1)1s(H_2)$, resulta em um orbital denominado *orbital molecular ligante*, que contribui para a ligação química. O orbital molecular ligante possui energia

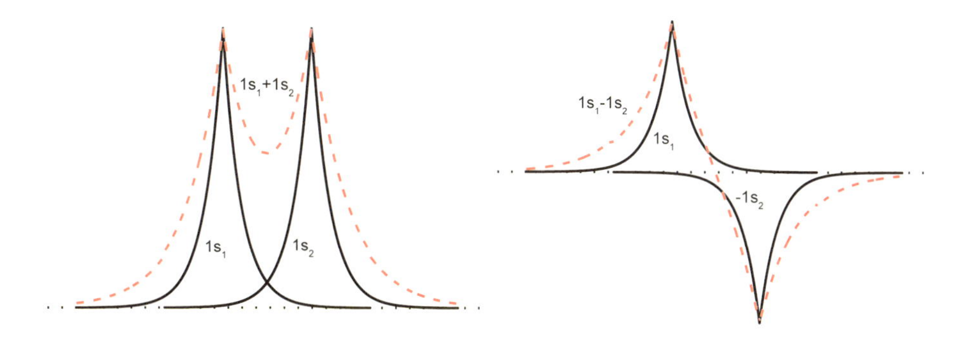

Figura 5.3: Combinações das funções de onda moleculares, a partir de funções de onda atômicas, de moléculas diatômicas homonucleares formadas por elementos que possuem somente elétrons em orbitais 1s.

menor que as energias dos átomos isolados, e é justamente essa característica que o faz contribuir para a formação da ligação química. A combinação destrutiva, simbolizada também por $(-)1s(H_1)1s(H_2)$, gera uma distribuição eletrônica com um plano nodal entre os núcleos, além de cada lóbulo do orbital molecular possuir sinal diferente. Esse orbital molecular possui energia maior que as energias dos átomos isolados, o que, em outras palavras, significa que enfraquece ou até destrói a ligação química. Esse orbital molecular é denominado, então, de *orbital molecular antiligante*.

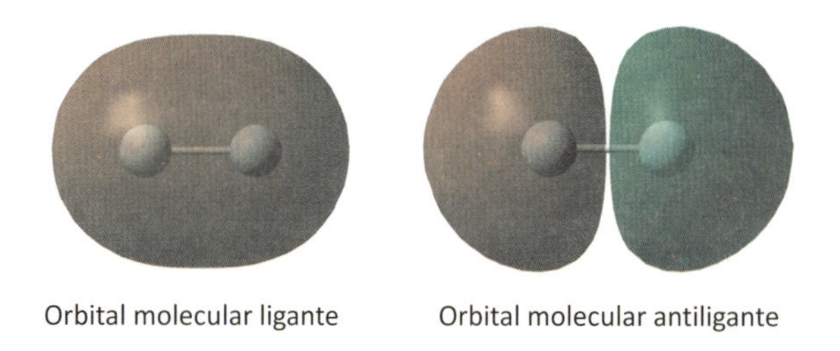

Figura 5.4: Orbitais ligantes e antiligantes de homonucleares do primeiro período da tabela periódica.

Uma vez feita essa discussão dos orbitais moleculares e das energias que possuem, um diagrama pode ser montado, denominado *diagrama de orbitais moleculares*, cuja construção será o objetivo deste texto, a partir da aplicação da Teoria de Grupo em moléculas poliatômicas. Esse diagrama é exemplificado na Figura 5.5.

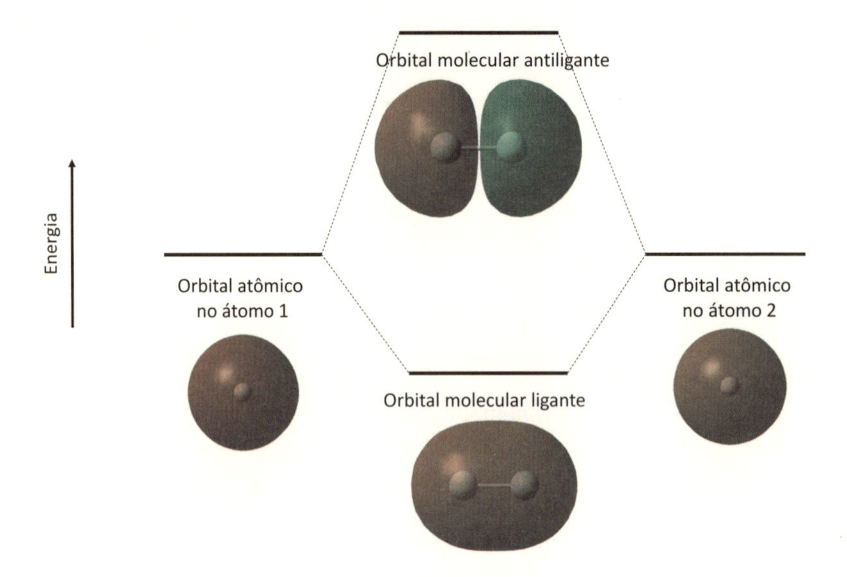

Figura 5.5: Diagrama de orbitais moleculares de moléculas diatômicas homonucleares do primeiro período da tabela periódica.

Perceba que, nesse diagrama, temos nas extremidades os orbitais atômicos que serão combinados para formar os orbitais moleculares. Como, no hidrogênio, os dois átomos são iguais, a energia dos dois orbitais 1s é a mesma. Esses dois orbitais atômicos resultarão em dois orbitais moleculares: um orbital molecular ligante, com energia menor que a energia dos orbitais atômicos, e um orbital molecular antiligante, com energia maior que a energia dos orbitais atômicos.

Um detalhe que deve ser lembrado, e deixado para explicações mais plausíveis para as aulas de química quântica, é que a diferença de energia entre o orbital molecular antiligante e a energia do orbital atômico é maior, em módulo, que a diferença de energia entre o orbital molecular ligante e a energia do orbital atômico.

Os orbitais moleculares resultantes da combinação de orbitais s e $\mathrm{p_z}$ possuem simetria σ. Para verificar isso, consulte a tabela de caracteres dos grupos pontuais $\mathrm{C_{\infty v}}$ e $\mathrm{D_{\infty h}}$ e veja que a coordenada z (que representa o orbital $\mathrm{p_z}$) e as combinações $\mathrm{x^2 + y^2}$ e $\mathrm{z^2}$ (que representam o orbital s) possuem uma espécie de simetria Σ. Vale destacar que a espécie de simetria é indicada com letra maiúscula, e a simetria do orbital com letra minúscula. Os orbitais moleculares resultantes da combinação de orbitais $\mathrm{p_x}$ e $\mathrm{p_y}$ possuem simetria π. Verifique isso na tabela de caracteres encontrando as espécies de simetria associadas às coordenadas x e y. Os orbitais moleculares antiligantes são indicados com um asterisco.

Pode-se, então, verificar como ficariam os diagramas de orbitais moleculares das possíveis espécies de moléculas diatômicas homonucleares de elementos do primeiro período. A Figura 5.6 mostra esses diagramas.

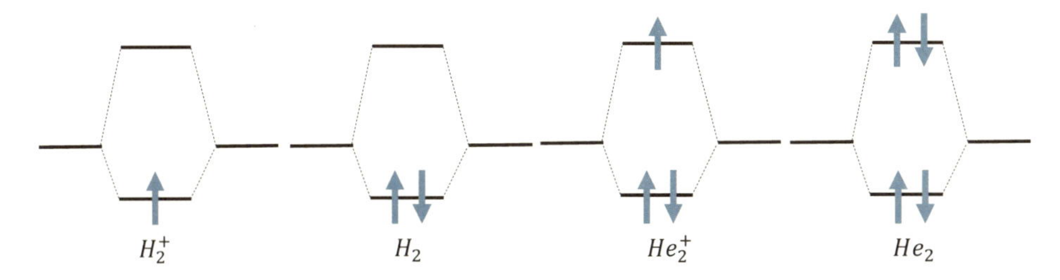

Figura 5.6: Diagrama de orbitais moleculares de: H_2^+, H_2, He_2^+ e He_2.

O preenchimento dos orbitais moleculares com elétrons segue as mesmas regras de preenchimento para orbitais atômicos, com o princípio da exclusão de Pauli e as regras de Hund.

Observe, na Figura 5.6, que o H_2^+ possui um elétron em um orbital molecular ligante, enquanto o H_2 possui dois elétrons em um orbital molecular ligante. Isso faz com que o H_2 seja mais estabilizado que o H_2^+, devido à maior população eletrônica em um orbital molecular que estabiliza a ligação. Isso é evidenciado quando se comparam as distâncias internucleares e entalpia de dissociação das duas espécies, $d(H_2^+) = 106$ pm, $d(H_2) = 74$ pm, $\Delta H_d(H_2^+) = 256$ kJmol^{-1} e $\Delta H_d(H_2) = 432$ kJmol^{-1}.

Ao olhar para as espécies formadas por átomos de hélio, nota-se que, no He_2^+, embora haja dois elétrons no orbital molecular ligante, para estabilizar a molécula, há um elétron em um orbital molecular antiligante, que a desestabiliza. O resultado líquido é equivalente ao do H_2^+, sendo comparáveis suas distâncias internucleares e entalpias de dissociação, $d(He_2^+) = 108$ pm e $\Delta H_d(He_2^+) = 241$ kJmol^{-1}. Ao analisar o He_2, é possível ver que, embora haja dois elétrons no orbital molecular ligante para estabilizar a molécula, há dois elétrons em um orbital molecular antiligante, que desestabiliza a molécula, dando como resultado líquido a não formação da molécula He_2.

A terceira regra surge quando se deseja combinar orbitais atômicos de moléculas diatômicas heteronucleares, ou até mesmo de moléculas homonucleares a partir do segundo período.

(3) Quanto maior a semelhança entre as energias dos orbitais atômicos, mais eficientes serão as combinações dos orbitais

Essa terceira regra é, muitas vezes, escrita como: *somente orbitais com energias atômicas semelhantes se combinarão.* Decidir o quão semelhante deve ser a energia dos orbitais atômicos para se combinarem faz parte do "*feeling*" químico e da experiência adquirida ao longo do tempo, já que os diagramas estão sendo construídos qualitativamente e, para determinar a contribuição de cada orbital atômico no orbital molecular, é necessário realizar cálculos de estrutura eletrônica.

Para avançar na construção da TOM, é preciso refletir um pouco sobre a Figura 5.7. Nela, nota-se que, ao diminuir a energia do orbital atômico de um dos átomos (por convenção, coloca-se o elemento mais eletronegativo à direita do diagrama), isto é, ao aumentar a diferença de energia entre os orbitais atômicos, o orbital molecular ligante possui energia mais próxima à energia do orbital atômico do elemento mais eletronegativo e, consequentemente, menos ligante será esse orbital molecular. O mesmo é válido quando se olha para o orbital molecular antiligante: aumentando a diferença de energia entre os orbitais atômicos, o orbital molecular antiligante possui energia mais próxima da energia do orbital atômico do elemento menos eletronegativo e, consequentemente, menos antiligante será esse orbital. O primeiro diagrama da Figura 5.7 corresponde a uma ligação 100% covalente, em que há o compartilhamento igual entre os átomos, e o último diagrama corresponde a uma ligação 100% iônica, em que houve a total transferência da densidade eletrônica de um átomo para o outro.

Estabelecidas as considerações necessárias para a construção de orbitais moleculares de moléculas diatômicas homonucleares e heteronucleares do primeiro período da tabela periódica, a discussão será estendida para as moléculas diatômicas do segundo período, e uma análise semelhante poderá ser feita para as demais moléculas diatômicas.

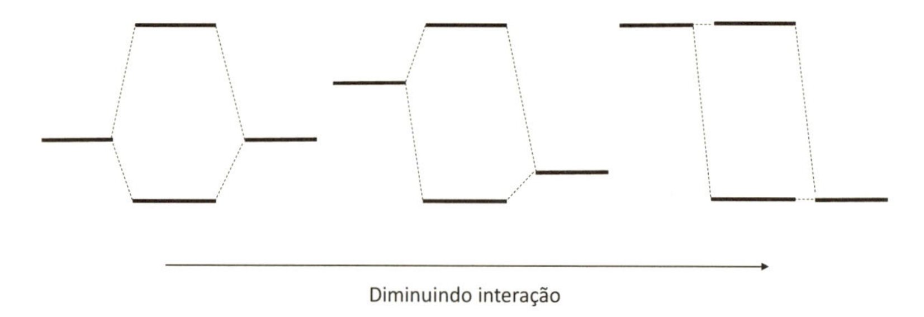

Figura 5.7: Combinação dos orbitais atômicos 1s em moléculas diatômicas heteronucleares, aumentando a eletronegatividade da esquerda para a direita.

5.2 Moléculas diatômicas homonucleares do segundo período

Para construir os orbitais moleculares das moléculas homonucleares do segundo período, é necessário olhar para as energias dos orbitais desses átomos, conforme mostrado na Figura 5.8. Perceba, no gráfico da Figura 5.8, que a energia dos orbitais

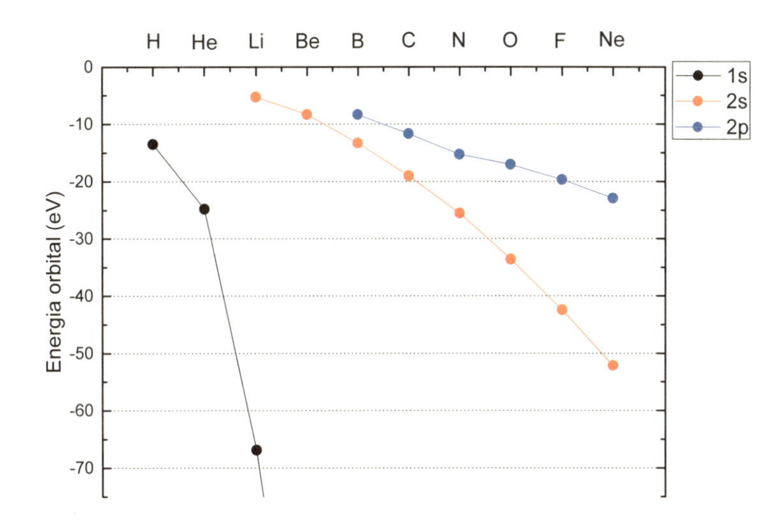

Figura 5.8: Energia dos orbitais atômicos dos elementos do primeiro e do segundo período da tabela periódica.

1s dos átomos do segundo período estão bem abaixo da escala da figura, que vai até -70 eV. Essa diferença é mais que suficiente para desconsiderar interações dos orbitais 1s com os outros orbitais que possuem a mesma simetria (orbitais 2s e orbitais $2p_z$). Desse modo, nos elementos do segundo período, os orbitais 1s, de camada interna, interagem entre si, formando um orbital σ ligante e um orbital σ^* antiligante, totalmente preenchidos. Resta decidir sobre as interações dos orbitais 2s e 2p.

Outro rótulo é dado aos orbitais moleculares de moléculas diatômicas homonucleares e diz respeito à simetria em relação ao centro de inversão. Se o orbital molecular for simétrico em relação ao centro de inversão, o subscrito g é adicionado à direita dele. Se o orbital molecular for antissimétrico em relação ao centro de inversão, o subscrito u é adicionado a sua direita.

Assim, os orbitais moleculares internos das moléculas diatômicas homonucleares formadas por elementos do segundo período, que são semelhantes aos da Figura 5.8, são chamados de $1\sigma_g$ e $1\sigma_u$.

Cálculos mostraram que os diagramas de orbitais moleculares das moléculas diatômicas homonucleares do segundo período podem ser divididos em dois tipos: (a) um do lítio até o nitrogênio e (b) outro do oxigênio até o neônio. Os átomos de lítio e berílio possuem orbitais 1s e 2s, que interagem com os orbitais 1s e 2s do outro átomo para formar a molécula diatômica correspondente. O diagrama genérico, utilizado para o Li_2 e Be_2, é semelhante ao diagrama da Figura 5.5. O Be_2 possuirá o mesmo número de elétrons em orbitais moleculares ligantes e em orbitais moleculares antiligantes e, assim como o He_2, não existirá.

Outra maneira de falar de estabilidade de moléculas, e ainda fazer uma conexão da Teoria do Orbital Molecular com as estruturas de Lewis, é computar a ordem de ligação (OL) da molécula, calculada por:

$$OL = \frac{1}{2}\left(n.e^{-}(O.M.L.) - n.e^{-}(O.M.A.L.)\right) \qquad (5.4)$$

em que $n.e^{-}$ (O.M.L.) representa o número de elétrons em orbitais moleculares ligantes e $n.e^{-}$ (O.M.A.L.) representa o número de elétrons em orbitais moleculares antiligantes.

Como os elétrons de camadas internas possuem ocupação total nos orbitais moleculares ligantes e antiligantes, a contribuição deles para a ordem de ligação é nula. Desse modo, pode-se analisar a ordem de ligação considerando somente os orbitais moleculares formados por combinações de orbitais atômicos da camada de valência. Para o Li_2, que contém dois elétrons no orbital molecular ligante e nenhum elétron no orbital molecular antiligante, a ordem de ligação é 1. Para o Be_2, que contém dois elétrons no orbital molecular ligante e dois elétrons no orbital molecular antiligante, a ordem de ligação é zero.

Os átomos de boro, carbono e nitrogênio possuem orbitais 1s, 2s e 2p, de tal forma que os orbitais 1s de um átomo interagem com os orbitais 1s do outro átomo, e os orbitais 2s e 2p de um átomo interagem com os orbitais 2s e 2p do outro átomo. Os orbitais 2s possuem simetria σ, assim como os orbitais $2p_z$; portanto, os dois orbitais 2s e $2p_z$ de um átomo vão interagir com os dois orbitais 2s e $2p_z$ do outro átomo e formarão 4 orbitais moleculares de simetria sigma. Os orbitais $2p_x$ e $2p_y$ possuem simetria π, mas só é possível interagir o $2p_x$ de um átomo com o $2p_x$ do outro átomo, assim como para os orbitais $2p_y$.

Na Figura 5.9, à esquerda, há o diagrama de orbitais moleculares resultante. Na nomeação dos orbitais moleculares foram ignorados os orbitais moleculares decorrentes das combinações de orbitais 1s.

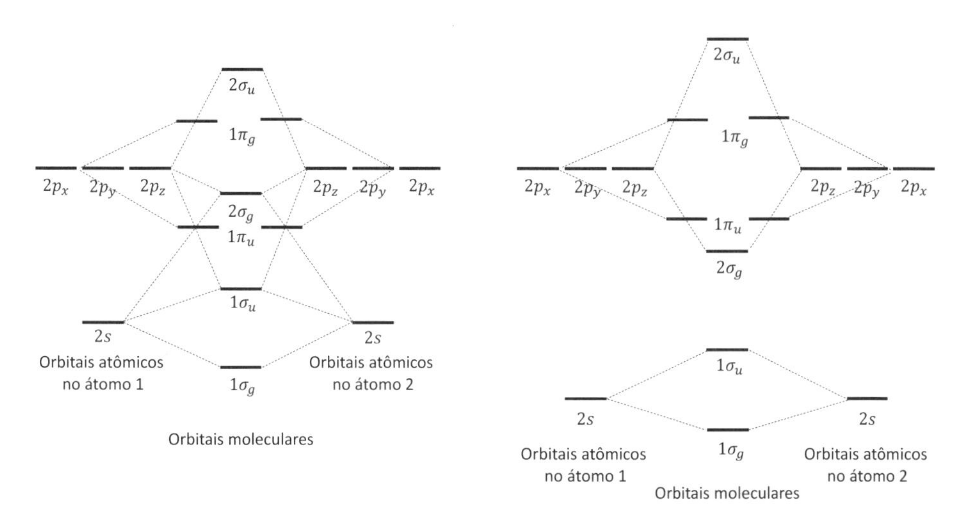

Figura 5.9: Diagramas de orbitais moleculares para moléculas diatômicas homonucleares do segundo período da tabela periódica.

- O orbital $1\sigma_g$ possui energia menor que todos os orbitais atômicos e contribui para a estabilização da molécula. Logo, é um orbital molecular ligante. Por ser um orbital mais energético, a contribuição dos orbitais $2p_z$ para sua formação é muito pequena.

- Os orbitais $1\sigma_u$ e $2\sigma_g$ possuem energia menor que os orbitais atômicos $2p_z$, mas energia maior que os orbitais atômicos 2s. Isso faz com que o orbital 2s contribua com um caráter antiligante para ele, e o orbital $2p_z$ contribua com um caráter ligante. No entanto, devido às contribuições diferentes de cada orbital atômico para cada orbital molecular, o orbital $1\sigma_u$ é classificado como antiligante (embora não seja tão antiligante), e o orbital $2\sigma_g$ é classificado com ligante (embora não seja tão ligante).

- Caso os orbitais $1\sigma_u$ e $2\sigma_g$ estejam totalmente preenchidos, a contribuição ligante é equivalente à antiligante, e esses orbitais podem ser considerados orbitais moleculares não ligantes.

- O orbital $2\sigma_u$ possui energia maior que as energias dos orbitais atômicos envolvidos. Logo, é um orbital molecular antiligante.

- Os orbitais $1\pi_u$ possuem energia menor que os orbitais $2p_x$ e $2p_y$ que os originaram e, portanto, são orbitais moleculares ligantes. Perceba que os orbitais moleculares $1\pi_u$ são degenerados, pois os orbitais atômicos $2p_x$ e $2p_y$ são degenerados e geram dois orbitais moleculares ligantes que, consequentemente, possuem a mesma energia.

- Os orbitais $1\pi_g$ possuem energia maior que os orbitais $2p_x$ e $2p_y$ que os originaram e, portanto, são orbitais moleculares antiligantes. Perceba, também, que os orbitais moleculares $1\pi_g$ são degenerados.

Para os átomos de oxigênio, flúor e neônio, a diferença de energia entre os orbitais 2s e 2p é grande o suficiente para considerar que eles não interagem entre si. Desse modo, os dois orbitais 2s gerarão dois orbitais moleculares: um ligante e um antiligante, assim como os dois orbitais $2p_z$. O diagrama resultante dessa combinação é mostrado na Figura 5.9, à direita. Perceba, também, que o orbital $2\sigma_g$ tem menor energia que o orbital $1\pi_u$, uma vez que a formação de orbitais σ envolve uma sobreposição mais efetiva que o recobrimento lateral que resulta na formação dos orbitais π, tornando o orbital $2\sigma_g$ mais estável. Observe, também, que nos diagramas da Figura 5.9 ocorreu uma inversão na energia dos orbitais $1\pi_u$ e $2\sigma_g$.

Uma vez construídos os diagramas de orbitais moleculares, é possível distribuir os elétrons para, então, computar as ordens de ligação das espécies e verificar se as moléculas diatômicas possuem elétrons desemparelhados ou não. Caso uma molécula possua elétrons desemparelhados, ela é paramagnética; caso não, ela é diamagnética. A Figura 5.10 mostra a distribuição eletrônica feita para as moléculas diatômicas do segundo período, e as energias estão apresentadas de forma relativa. Observe, também, que para o Li_2 e Be_2 foram apresentados, na Figura 5.10, orbitais moleculares resultantes da combinação dos orbitais atômicos 2s e 2p, e, mesmo que os orbitais 2p não estejam preenchidos, nada impede de combiná-los. Caso se interesse por aprofundar seus estudos em TOM, você verá que, quanto mais orbitais utilizados para fazer combinações, mais precisa será sua descrição.

Observe, na Figura 5.10, que as moléculas de B_2 e O_2 possuem dois elétrons desemparelhados, tornando-as paramagnéticas. As estruturas de Lewis não permitem falar sobre paramagnetismo em moléculas, e usar a Teoria da Ligação de Valência (TLV) para explicar esse fenômeno pode ser muito difícil.

A Figura 5.11 mostra as entalpias de dissociação de moléculas diatômicas homonucleares, percebendo-se claramente um aumento da entalpia de dissociação conforme se aumenta a ordem de ligação, já que um aumento na ordem de ligação a deixa mais forte e, consequentemente, mais difícil de ser quebrada.

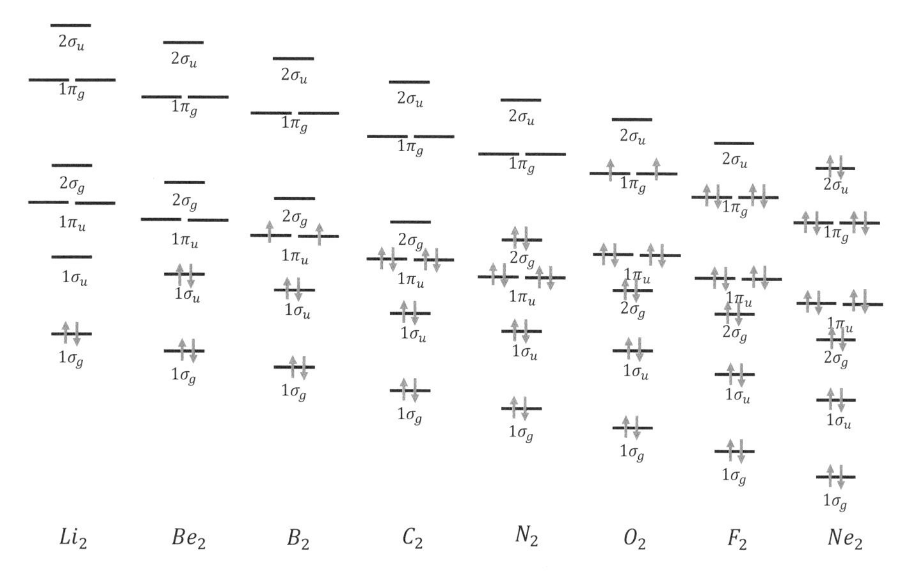

Figura 5.10: Distribuição eletrônica nos orbitais moleculares de moléculas diatômicas homonucleares do segundo período da tabela periódica.

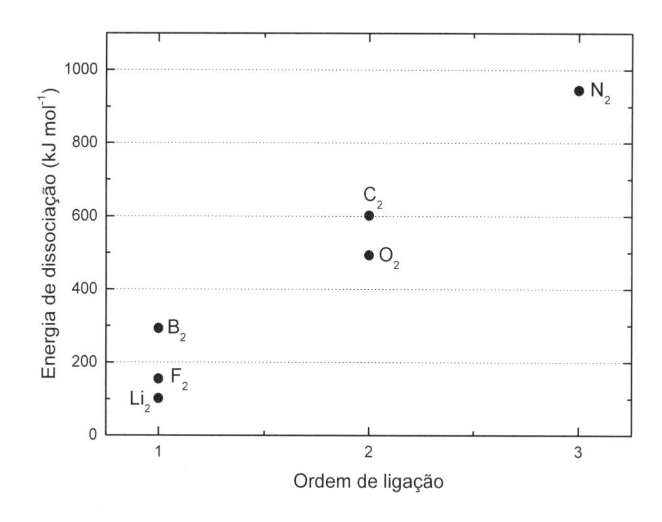

Figura 5.11: Entalpia de dissociação das moléculas diatômicas homonucleares do segundo período da tabela periódica.

Considerando compostos com mesma ordem de ligação, pode-se analisar os elétrons que contribuem para calculá-la e, então, tirar conclusões. Por exemplo, considere a ordem de ligação 2. O C_2 possui configuração eletrônica, considerando somente os elétrons da camada de valência, $(1\sigma_g)^2\,(1\sigma_u)^2\,(1\pi_u)^4$, e o orbital $1\sigma_u$ não é tão antiligante quanto o orbital $1\sigma_g$ é ligante; assim, a ordem de ligação é $[(2 + 4) - x]/2$, em que x é um número um pouco menor que 2. Desse modo, a ordem de ligação do C_2 é um pouco maior que 2. Já, para o O_2, que possui configuração eletrônica, considerando somente os elétrons da camada de valência, $(1\sigma_g)^2\,(1\sigma_u)^2\,(2\sigma_g)^2\,(1\pi_u)^4\,(1\pi_g)^2$, pode-se dizer que os orbitais moleculares $1\sigma_u$ e $1\pi_g$ são tão ou mais antiligantes que os orbitais $1\sigma_g$ e $1\pi_u$ são ligantes; desse modo, a ordem de ligação é menor ou igual a 2. Como a ordem de ligação do C_2 é ligeiramente maior que a ordem de ligação do O_2, é de esperar que o C_2 tenha uma entalpia de dissociação ligeiramente maior, conforme visto na Figura 5.11. Uma análise similar pode ser realizada para as moléculas diatômicas com ordem de ligação 1.

Para concluir a discussão das moléculas diatômicas homonucleares, é interessante analisar as entalpias de dissociação para a ligação O – O nas espécies O_2 e $[O_2^+]$ e para a ligação N-N nas espécies N_2 e $[N_2^+]$.

Espécie	**Entalpia de dissociação** (kJ mol^{-1})
O_2	497
$[O_2^+]$	643
N_2	948
$[N_2^+]$	843

A retirada de um elétron do oxigênio molecular aumenta a energia de dissociação da espécie resultante; no entanto, a retirada de um elétron do nitrogênio molecular diminui a energia de dissociação da espécie resultante. O elétron retirado do oxigênio molecular é retirado de um orbital molecular antiligante, e, consequentemente, há uma estabilização da molécula, explicando o aumento na entalpia de dissociação. No nitrogênio molecular, a retirada de um elétron é feita em um orbital molecular ligante, e, consequentemente, sua retirada deixa a ligação menos estável, diminuindo a entalpia de dissociação. Embora, em uma análise rápida, os dados pareçam contraditórios, utilizando a TOM é possível explicar os dados experimentais de forma bem simples e elegante.

5.3 Moléculas diatômicas heteronucleares do segundo período

Com base nas discussões feitas anteriormente, é possível construir orbitais moleculares de moléculas diatômicas heteronucleares. Nas moléculas diatômicas heteronucleares, não existe centro de inversão; as moléculas, então, pertencem ao grupo pontual $C_{\infty V}$, e, consequentemente, não faz sentido usar os subscritos g e u nos orbitais moleculares.

Podem-se formar dois tipos de moléculas diatômicas heteronucleares com elementos do segundo período, uma interagindo um elemento do segundo período com o átomo de hidrogênio (por exemplo, o fluoreto de hidrogênio) ou com um átomo de outro período (por exemplo, CS), e outra interagindo dois elementos do segundo período, como o monóxido de carbono.

Interagir o átomo de hidrogênio com algum elemento do segundo período permite a construção de duas moléculas: LiH (na fase gasosa) e HF. O hidreto de lítio é formado pela interação do átomo de hidrogênio, que contém somente o orbital 1s, com o átomo de lítio, que contém os orbitais 1s e 2s. Olhando para a Figura 5.8, é possível ver que o orbital 1s do hidrogênio tem energia próxima à do orbital 2s do lítio, permitindo que haja interação entre eles. Já o orbital 1s do lítio possui uma energia muito baixa: pode-se considerar que esse orbital não interage com nenhum outro. Assim, o diagrama de orbitais moleculares do hidreto de lítio na fase gasosa pode ser representado pela Figura 5.12: o orbital 1σ é um orbital molecular ligante, o orbital subsequente é um orbital molecular antiligante, e o orbital que não aparece na figura, formado exclusivamente pelo orbital 1s do lítio, é um orbital molecular não ligante. Cálculos realizados mostram que, de fato, pode-se considerar que o orbital 1s do lítio não interage com outro orbital. A Tabela 5.1 mostra as contribuições de cada orbital atômico para a construção dos orbitais moleculares.

A leitura da Tabela 5.1, e das tabelas dos coeficientes de orbitais moleculares apresentadas ao longo deste texto, é feita da seguinte maneira: na primeira linha há os orbitais rotulados de 1 a n, e os cálculos levam em consideração os orbitais da camada interna. Portanto, o orbital 1 da Tabela 5.1 corresponde ao orbital não ligante formado quase exclusivamente pelo orbital 1s do lítio, o orbital 2 corresponde ao orbital molecular 1σ da Figura 5.12, e assim sucessivamente. Os cálculos realizados utilizaram todos os orbitais da camada de valência, mesmo estando desocupados.[1]

1 Todos os cálculos realizados ao longo deste texto usaram a base STO-3G no nível de teoria Hartree-Fock.

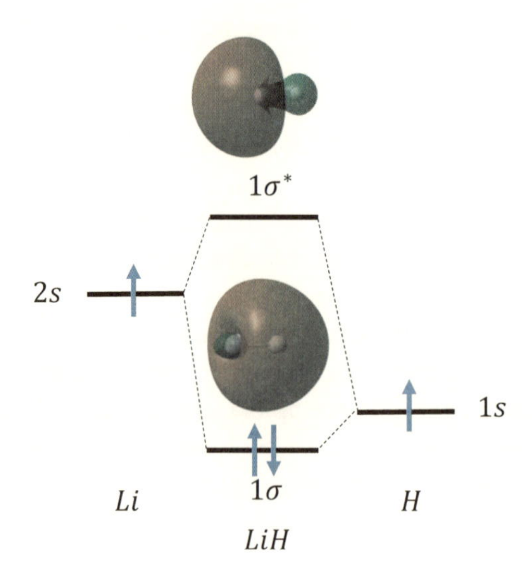

Figura 5.12: Diagrama de orbital molecular do LiH (em fase gasosa).

	Orbital	1	2	3	4	5	6
		O	O	V	V	V	V
	Energia (u.a.)	−2, 347	−0, 293	0, 079	0, 164	0, 164	0, 572
Li	1s	0, 999	−0, 216	−0, 201	0	0	0, 046
	2s	0, 032	0, 555	0, 771	0	0	−0, 421
	$2p_x$	0	0	0	1	0	0
	$2p_y$	0	0	0	0	1	0
	$2p_z$	0, 007	−0, 434	0, 590	0	0	0, 573
H	1s	0, 007	0, 676	−0, 129	0	0	0, 701

Tabela 5.1: Contribuição dos orbitais atômicos para a formação da molécula de LiH (em fase gasosa).

Assim, para o LiH, foram utilizados os orbitais 1s, 2s e 2p do átomo lítio e o orbital 1s do átomo de hidrogênio, obtendo-se seis orbitais moleculares, embora somente dois estejam ocupados. A segunda linha da Tabela 5.1 diz se o orbital molecular está ocupado (O) ou vazio (V). A terceira linha fornece a energia de cada orbital molecular em unidades atômicas. A primeira coluna da tabela diz a qual átomo pertence o conjunto de orbitais apresentados na coluna 2. O restante da tabela fornece o coeficiente da CLOA de cada orbital molecular. Por exemplo, o orbital molecular 1σ da Figura 5.12 é formado pela seguinte combinação linear: $-0,216 \cdot 1s(Li) + 0,555 \cdot 2s(Li) - 0,434 \cdot 2p_z(Li) + 0,676 \cdot 1s(H)$.

No caso da molécula de HF, é necessário combinar o orbital 1s do átomo de hidrogênio com os orbitais 1s, 2s e 2p do átomo de flúor. Novamente, olhando para a Figura 5.8, é possível ver que o orbital 1s do hidrogênio tem energia próxima à do orbital 2p do flúor, permitindo que haja interação entre eles. Já os orbitais 1s e 2s do flúor possuem energia muito baixa e, consequentemente, pode-se considerar que esses orbitais não interagem com outros, formando dois orbitais moleculares não ligantes. O orbital 1s do hidrogênio possui simetria sigma e, consequentemente, só pode interagir com o orbital $2p_z$ do flúor, formando um orbital molecular ligante e um orbital molecular antiligante. Os orbitais $2p_x$ e $2p_y$ não vão interagir com nenhum orbital atômico, pois o hidrogênio não possui orbitais de mesma simetria disponíveis para que haja a interação. Desse modo, eles formarão dois orbitais moleculares não ligantes degenerados, uma vez que os orbitais atômicos $2p_x$ e $2p_y$ são degenerados. Um diagrama de orbitais moleculares pode ser montado com base nessa discussão e é mostrado na Figura 5.13.

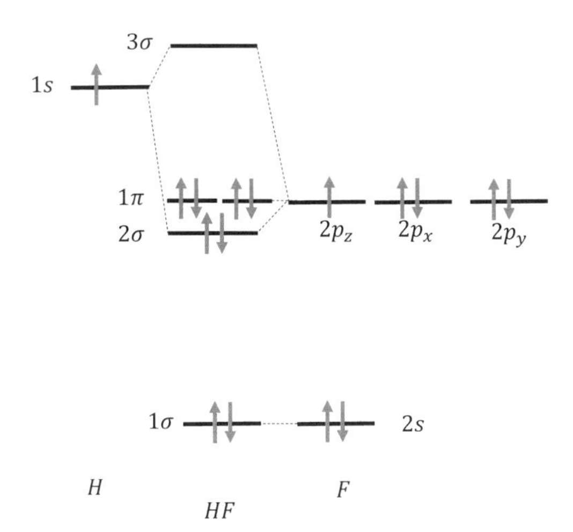

Figura 5.13: Diagrama de orbitais moleculares do HF.

Os cálculos das contribuições dos orbitais atômicos para a formação dos orbitais moleculares também podem ser feitos, e são mostrados na Tabela 5.2. Os orbitais 1 e 2 são os orbitais moleculares não ligantes, formados quase exclusivamente pelos orbitais atômicos 1s e 2s do flúor. Os orbitais 3 e 4 representam os orbitais moleculares ligante e antiligante, respectivamente, formados pela combinação $1s(H)2p_z(F)$. O orbital 2 corresponde ao orbital molecular 1σ, assim como o orbital 3 corresponde ao orbital molecular 2σ da Figura 5.13. Os orbitais 4 e 5 correspondem aos orbitais moleculares não ligantes formados pelos orbitais $2p_x$ e $2p_y$.

	Orbital	1	2	3	4	5	6
		O	O	O	O	O	V
	Energia (u.a.)	−25, 897	−1, 484	−0, 596	−0, 466	−0, 466	0, 669
F	1s	0, 999	−0, 253	−0, 088	0	0	0, 058
	2s	0, 023	0, 947	0, 464	0	0	−0, 396
	$2p_x$	0	0	0	1	0	0
	$2p_y$	0	0	0	0	1	0
	$2p_z$	−0, 003	−0, 105	0, 716	0	0	0, 544
H	1s	−0, 006	0, 170	−0, 515	0	0	0, 737

Tabela 5.2: Contribuição dos orbitais atômicos para a formação dos orbitais moleculares do HF.

Para concluir a discussão de orbitais moleculares de moléculas diatômicas heteronucleares, deve-se considerar as moléculas formadas por dois átomos do segundo período, como CO, NO^+, CN^- etc.

A molécula mais interessante a ser analisada, e que ainda gera inúmeras discussões entre pesquisadores, é o monóxido de carbono. Algumas considerações devem ser feitas antes de construir os orbitais moleculares: a carga nuclear efetiva do oxigênio é maior que a do carbono; a energia do orbital atômico 2s do oxigênio é menor que a do orbital atômico 2s do carbono, assim como a dos orbitais 2p. A diferença de energia entre os orbitais 2s desses átomos é muito maior que a diferença de energia entre os orbitais 2p, o que, em outras palavras, significa que a separação 2s − 2p é bem maior no oxigênio que no carbono. A Figura 5.8 pode ser usada para verificar essas afirmações.

Deve-se, então, combinar os orbitais 1s, 2s e 2p do oxigênio com os orbitais 1s, 2s e 2p do carbono para construir o diagrama de orbitais moleculares. Como os orbitais 1s de ambos os átomos possuem energias muito diferentes dos orbitais com $n = 2$, pode-se combiná-los entre si, gerando um orbital molecular ligante e um orbital molecular antiligante, semelhantes aos da Figura 5.7. Como uma primeira aproximação, pode-se conceber que o orbital 2s do oxigênio possui uma energia relativamente diferente da energia dos demais orbitais, para poder considerar que ele não interage com ninguém, formando um orbital molecular não ligante. Restam, então, três orbitais de simetria sigma, 2s e $2p_z$ do carbono e $2p_z$ do oxigênio, para se combinarem, gerando três orbitais moleculares: um orbital molecular ligante, um orbital molecular não ligante e um orbital molecular antiligante. Os orbitais $2p_x$ e $2p_y$, de simetria π, de cada átomo, podem interagir entre si, formando dois orbitais moleculares degenerados ligantes e dois orbitais moleculares degenerados antiligantes. Como a interação de orbitais π é menos efetiva que a interação entre os orbitais com simetria σ, o orbital molecular ligante σ possui energia menor que o orbital molecular ligante π, assim como o orbital molecular antiligante σ possui energia maior que o orbital molecular antiligante π. Como o orbital molecular não ligante σ não contribui efetivamente para a ligação, e deve apresentar energia próxima aos orbitais atômicos, ele deve se encontrar, em relação à energia, entre os dois orbitais moleculares degenerados π. Assim, um diagrama de orbitais moleculares, simplificado, pode ser construído e é mostrado na Figura 5.14.

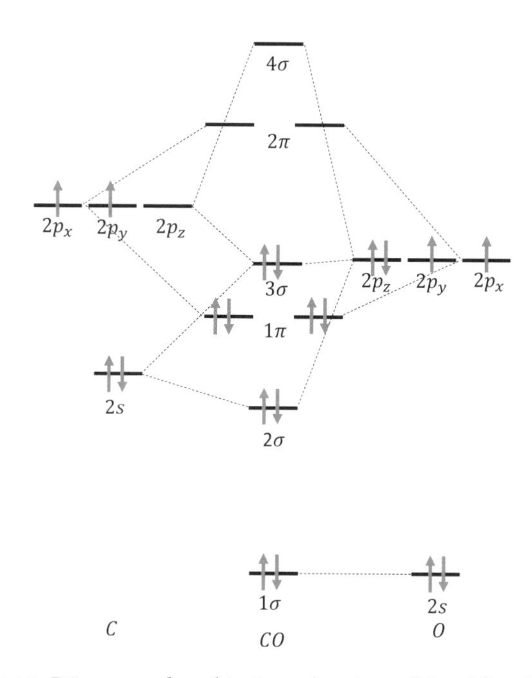

Figura 5.14: Diagrama de orbitais moleculares (simplificado) do CO.

No entanto, cálculos indicam que considerar o orbital 2s do átomo de oxigênio como um orbital que não interage com os demais é uma aproximação muito grosseira, e deve-se interagi-lo com os demais orbitais. A Figura 5.14 serve para ter uma ideia da organização dos orbitais em relação às energias, e, fazendo a combinação apropriada, obtém-se, então, o diagrama mostrado na Figura 5.15.

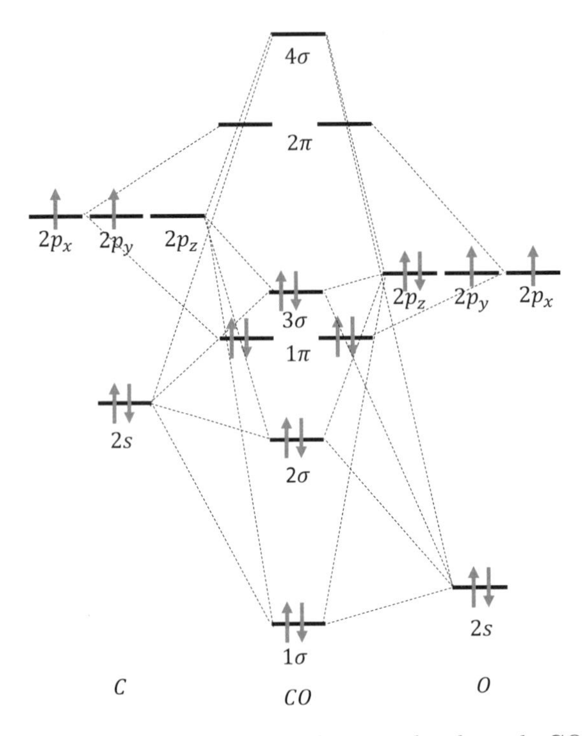

Figura 5.15: Diagrama de orbitais moleculares do CO.

Os cálculos realizados levaram aos coeficientes para os orbitais moleculares mostrados na Tabela 5.3.

Os orbitais moleculares de maior interesse na química são os orbitais de fronteira, o último orbital molecular ocupado e o primeiro orbital molecular desocupado, pois é justamente por meio desses orbitais moleculares que reações do tipo ácido-base de Lewis podem ser explicadas. O último orbital molecular ocupado é chamado de HOMO (em inglês *Highest Occupied Molecular Orbital*), o primeiro orbital molecular desocupado é chamado de LUMO (em inglês *Lowest Unoccupied Molecular Orbital*). Quando o último orbital está semipreenchido, como acontece no oxigênio molecular, ele é chamado de SOMO (em inglês *Singly Occupied Molecular Orbital*), e ele se comporta tanto como HOMO, pois se perder um elétron ele sairá desse orbital, quanto como LUMO, pois se receber um elétron ele entrará nesse orbital.

	Orbital	1	2	3	4	5	6	7	8	9	10
		O	O	O	O	O	O	O	V	V	V
	Energia (u.a.)	−20,416	−11,092	−1,445	−0,697	−0,540	−0,540	−0,445	0,306	0,306	1,009
O	1s	0,999	0,000	−0,250	−0,123	0	0	−0,001	0	0	0,061
	2s	0,027	−0,007	0,867	0,598	0	0	0,047	0	0	−0,498
	$2p_x$	0	0	0	0	0	0,872	0	0	−0,577	0
	$2p_y$	0	0	0	0	0,872	0	0	−0,577	0	0
	$2p_z$	−0,007	0,001	−0,237	0,572	0	0	0,421	0	0	0,459
C	1s	0,000	0,999	−0,139	0,158	0	0	−0,156	0	0	−0,059
	2s	−0,008	0,026	0,274	−0,520	0	0	0,708	0	0	0,449
	$2p_x$	0	0	0	0	0	0,498	0	0	0,817	0
	$2p_y$	0	0	0	0	0,498	0	0	0,817	0	0
	$2p_z$	−0,007	0,007	0,187	−0,060	0	0	−0,544	0	0	0,577

Tabela 5.3: Contribuição dos orbitais atômicos para a formação dos orbitais moleculares do CO.

No diagrama de orbitais moleculares do CO, o HOMO é o orbital molecular ligante 3σ, que possui uma maior contribuição do orbital $2p_z$ do carbono para torná-lo ligante comparado com a contribuição do orbital $2p_z$ do oxigênio. Quando se considera a contribuição antiligante dos orbitais 2s nesse orbital molecular, nota-se que o oxigênio contribui mais que o carbono. Desse modo, o orbital 3σ possui caráter predominantemente do carbono. Assim, quando o CO formar ligações com metais de transição, atuando como uma base de Lewis, os elétrons usados para formar a ligação serão os do orbital molecular 3σ, que possuem maior caráter de carbono. Logo, será formada a ligação M – CO e não M – OC.

Diagramas de orbitais moleculares análogos podem ser construídos para as outras moléculas diatômicas heteronucleares do segundo período. No entanto, o foco deste capítulo é aplicar a Teoria de Grupo para construir diagramas de moléculas poliatômicas. Assim, as demais moléculas diatômicas não serão aqui abordadas, mas treine a construção dos seus diagramas para verificar se conseguiu absorver as ideias da TOM aplicada a moléculas diatômicas e, em seguida, continue a leitura do texto para as moléculas poliatômicas.

5.4 Moléculas poliatômicas

5.4.1 O grupo H_3

O grupo H_3 pode ser linear ou trigonal. Para construir esse grupo, é necessário combinar três orbitais atômicos 1s e formar três orbitais moleculares.

No caso do H_3 linear, uma primeira combinação possível é a combinação totalmente simétrica, em que não haverá nó entre os átomos. A segunda combinação possuirá um nó, e a terceira dois nós. Perceba que uma analogia com cordas vibrando pode ser feita (Figura 5.16), uma vez que o primeiro harmônico não possui nenhum nó, o segundo possuirá um, e assim sucessivamente.

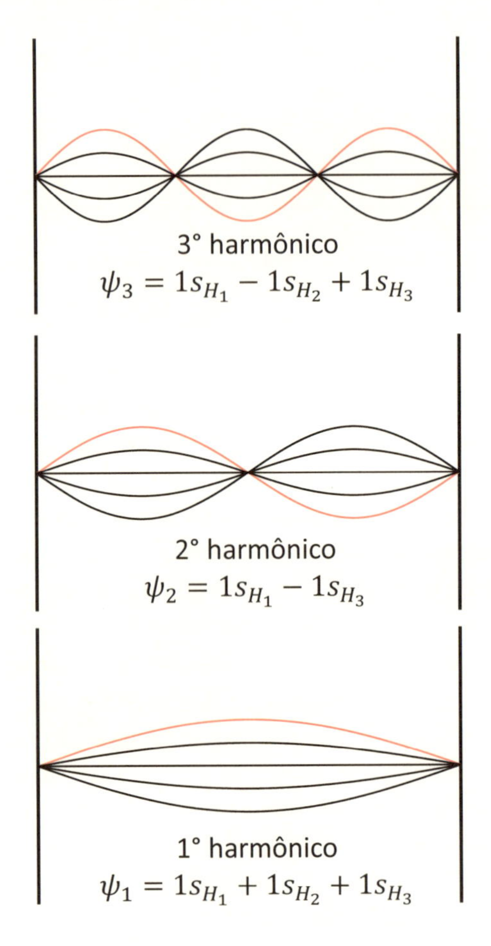

Figura 5.16: Vibração em cordas – harmônicos.

Para construir os orbitais moleculares H_n, de forma linear, coloque um átomo de hidrogênio em cada extremidade das cordas e os átomos de hidrogênio remanescentes entre esses dois, deixando-os igualmente espaçados. Para o H_3, resta apenas um hidrogênio, que deve ser colocado bem no meio dos dois átomos que estão nas extremidades, mas essa analogia pode ser feita para quantos átomos de hidrogênio você quiser. Essa ideia poderá ser útil para construir orbitais moleculares de simetria π de compostos orgânicos conjugados.

A primeira combinação de orbitais atômicos não possui nenhum nó e, portanto, pode representar a combinação da simples soma dos três orbitais atômicos, resultando no orbital molecular ψ_1, mostrado na Figura 5.17. A segunda combinação apresenta um nó exatamente sobre o átomo de hidrogênio localizado no centro, e o orbital à direita tem sinal oposto ao orbital da esquerda. Essa combinação pode ser gerada subtraindo o orbital 1s do átomo 3 (átomo da extremidade direita) do orbital 1s do átomo 1 (átomo da extremidade esquerda), resultando no orbital molecular ψ_2, mostrado na Figura 5.17. A terceira e última combinação apresenta dois nós, cada um entre dois átomos de hidrogênio. Observe, também, que a corda possui sinal positivo próximo dos átomos 1 e 3, e sinal negativo próximo do átomo 2. Assim, pode-se montar a combinação somando os orbitais 1s dos átomos 1 e 3 e subtraindo o orbital 1s do átomo 2, resultando no orbital molecular ψ_3, mostrado na Figura 5.17.

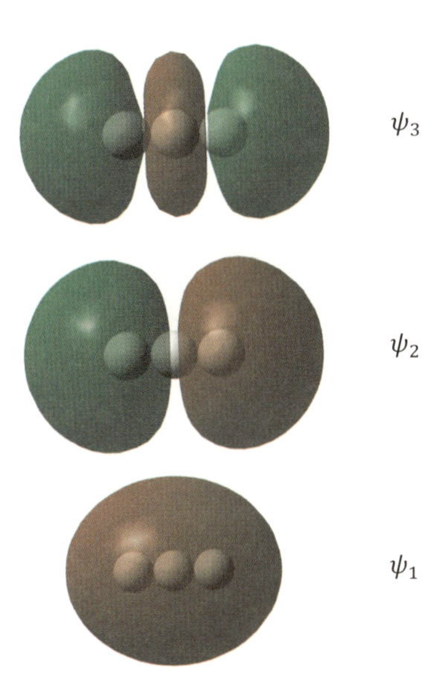

Figura 5.17: Orbitais moleculares do grupo H_3 linear.

Observe que o orbital molecular ψ_1 forma uma combinação construtiva a partir da interação entre os orbitais 1s dos átomos 1 e 2 e dos átomos 2 e 3 e, consequentemente, essa combinação contribui para a estabilização da molécula, apresentando energia menor que a energia dos orbitais atômicos separados, e então é um orbital molecular ligante. O orbital ψ_3, por sua vez, forma uma contribuição destrutiva entre os orbitais 1s dos átomos 1 e 2 e dos átomos 2 e 3 e, consequentemente, essa combinação contribui para a desestabilização da molécula, apresentando energia maior que a energia dos orbitais atômicos separados, e então é um orbital molecular antiligante. O orbital ψ_2 não possui contribuição do orbital 1s do átomo 2, que está no meio da molécula, e, como os orbitais 1s dos átomos 1 e 3 estão afastados, não há interação entre eles, fazendo com que esse orbital molecular seja um orbital não ligante.

Uma vez montados os orbitais moleculares do H_3 linear, pode-se construir os orbitais moleculares do H_3 trigonal alterando o ângulo entre os átomos H_1–H_2–H_3 de 180° para 60°, resultando nos orbitais mostrados na Figura 5.18.

Figura 5.18: Orbitais moleculares do grupo H_3 trigonal.

Ao mudar a geometria do grupo H_3, a simetria da espécie é alterada e, consequentemente, a dos orbitais moleculares, gerando um orbital molecular de simetria a_1 (ψ_1) e dois orbitais moleculares degenerados e (ψ_2 e ψ_3). Para verificar isso, é necessário usar a tabela de caracteres do grupo pontual da molécula. Considerando que a espécie H_3 seja um fragmento da molécula NH_3, que pertence ao grupo pontual C_{3v}, a ser analisada posteriormente, o primeiro orbital molecular será totalmente simétrico em relação a todas as operações de simetria realizadas e, portanto, corresponde à espécie de simetria A_1 e é denominado orbital molecular a_1. O segundo e o terceiro orbitais são antissimétricos em relação à rotação C_{3v} e, portanto, correspondem à espécie de simetria E, que é duplamente degenerada, e são denominados orbitais moleculares e.

Se você estivesse interessado somente no grupo H_3 trigonal, que pertence ao grupo pontual D_{3h}, o primeiro orbital seria um orbital molecular a_1' (ψ_1), o segundo e o terceiro orbital seriam orbitais moleculares e' (ψ_2 e ψ_3).

Comparando os orbitais moleculares ψ_3 linear e trigonal, nota-se que no ψ_3 linear não existe interação entre os orbitais 1s dos átomos 1 e 3; no entanto, no ψ_3 trigonal existe essa interação; desse modo, o orbital molecular ψ_3 trigonal possui menor energia que o orbital molecular ψ_3 linear. Agora, comparando os orbitais ψ_2 linear e trigonal, nota-se que no ψ_2 linear não existe interação entre os orbitais 1s dos átomos 1 e 3; no entanto, no ψ_2 trigonal, existe essa interação, mas ela é destrutiva; desse modo, o orbital ψ_2 trigonal possui maior energia que o orbital ψ_2 linear.

De forma resumida, os orbitais ψ_2 e ψ_3 na molécula linear convergem para uma situação de mesma energia quando essa molécula passa de linear para triangular. Isso pode ser visto no denominado *diagrama de Walsh*, que representa as energias dos orbitais de uma molécula em função dos ângulos de ligação, e é usado para fazer previsões rápidas sobre as geometrias de moléculas pequenas. A Figura 5.19 mostra esse diagrama para a espécie H_3.

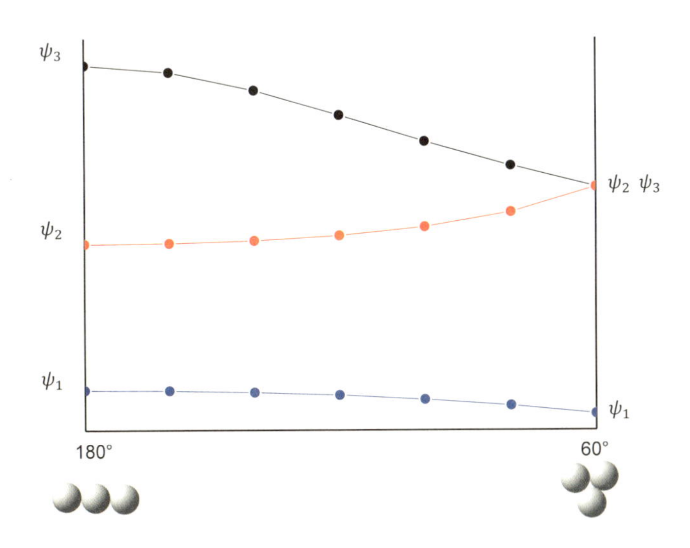

Figura 5.19: Diagrama de Walsh da espécie H_3.

Diagramas de Walsh são montados através de cálculos das energias dos orbitais moleculares em cada uma das geometrias. Diagramas qualitativos podem ser montados e são chamados de diagramas de correlação. Para completar a análise do diagrama, é necessário comparar os orbitais ψ_1 linear e trigonal. No ψ_1 linear não existe interação entre os orbitais 1s dos átomos 1 e 3; no entanto, no ψ_1 trigonal existe tal interação. Desse modo, o orbital ψ_1 trigonal possui menor energia que o orbital ψ_1 linear, completando-se a explicação do diagrama da Figura 5.19.

Com esse diagrama pode-se explicar a molécula H_3^+, que contém três centros e dois elétrons, que a TLV não era capaz de explicar de forma simplificada. A molécula H_3^+ contém dois elétrons, que ocuparão o orbital ψ_1, que tem a menor energia, independentemente da geometria. No entanto, como o orbital ψ_1 trigonal possui menor energia que o orbital ψ_1 linear, a molécula H_3^+ será trigonal, com distribuição eletrônica $(a')^2$.

Com essa discussão é possível construir orbitais moleculares de espécies com mais de três átomos e depois formar anéis com essas espécies e construir seus orbitais moleculares. A Figura 5.20 mostra os orbitais moleculares da espécie hipotética H_4 linear e quadrada. Nomeie os orbitais e monte o diagrama de correlação correspondente. Treine, também, montar o diagrama de correlação para as espécies hipotéticas H_5 e H_6.

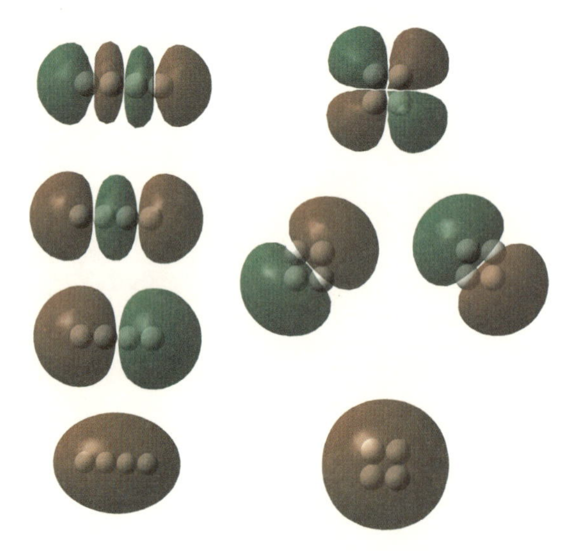

Figura 5.20: Orbitais moleculares das espécies hipotéticas H_4 linear e quadrada.

5.4.2 Moléculas do tipo EH_2

Considere, agora, moléculas do tipo EH_2, como é o caso da água (H_2O). Observe que essas moléculas são formadas por um átomo central e um grupo H_2, que só pode ser linear. Essa vai ser a base da construção dos orbitais moleculares de moléculas poliatômicas, dividindo-as em um átomo ou espécie central e um grupo contendo os demais átomos. O primeiro passo será identificar o grupo pontual da molécula, que para a espécie EH_2 é $D_{\infty h}$, se ela for linear, e C_{2v} se a molécula for angular. A mesma discussão dos orbitais de camadas internas e de camada de valência é válida, e serão combinados apenas os orbitais de valência de cada átomo.

Começando com a espécie linear.

Se o átomo E for do segundo período, deve-se combinar seus orbitais 2s, $2p_x$, $2p_y$ e $2p_z$ com os dois orbitais do grupo H_2. Uma das regras de combinação de orbitais é que somente orbitais de mesma simetria podem se combinar; logo, é importante determinar a simetria dos orbitais atômicos do átomo E e dos dois orbitais do grupo H_2.

Para determinar a simetria é necessário verificar a que espécie de simetria cada orbital pertence, dentro da tabela de caracteres do grupo pontual da molécula. Para o grupo pontual $D_{\infty h}$, o orbital 2s pertence à espécie simetria Σ_g^+ (os orbitais s são identificados nas tabelas de caracteres pelas funções quadráticas $x^2 + y^2$, z^2). Logo, possui simetria σ_g^+ (lembre que nomes de orbitais possuem letras minúsculas). O orbital $2p_z$ pertence à espécie de simetria Σ_u^+ (os orbitais p_z são identificados nas tabelas de caracteres pela função linear z). Logo, possui simetria σ_u^+. O orbital $2p_x$ pertence à espécie de simetria Π_u (os orbitais p_x são identificados nas tabelas de caracteres pela função linear x). Logo, possui simetria π_u, e o mesmo é válido para o orbital $2p_y$.

Agora, resta determinar as simetrias dos dois orbitais do grupo H_2. Os dois orbitais moleculares formados correspondem à combinação construtiva e à combinação destrutiva, semelhante aos orbitais da Figura 5.4. A combinação construtiva é simétrica em relação à aplicação de todas as operações de simetria e, portanto, olhando na tabela de caracteres, possui simetria σ_g^+. A combinação destrutiva é antissimétrica em relação à inversão e ao C_2 perpendicular ao eixo z e, portanto, olhando na tabela de caracteres, possui simetria σ_u^+.

Uma vez determinadas todas as espécies de simetria, combinam-se os orbitais de mesma simetria. Para o caso da molécula do tipo EH_2 linear, combina-se o orbital 2s de E com a combinação construtiva do grupo H_2, gerando um orbital molecular ligante $1\sigma_g$ e um orbital molecular antiligante $2\sigma_g$. Combina-se o orbital $2p_z$ de E com a combinação destrutiva do grupo H_2, gerando um orbital molecular ligante $1\sigma_u$ e um orbital molecular antiligante $2\sigma_u$. Como não há orbitais de simetria π_u para poder combinar com os orbitais $2p_x$ e $2p_y$, eles formarão dois orbitais moleculares não ligantes degenerados, uma vez que os orbitais atômicos $2p_x$ e $2p_y$ são degenerados. Assim, pode-se construir o diagrama de orbitais moleculares da molécula do tipo EH_2 linear, conforme mostrado na Figura 5.21.

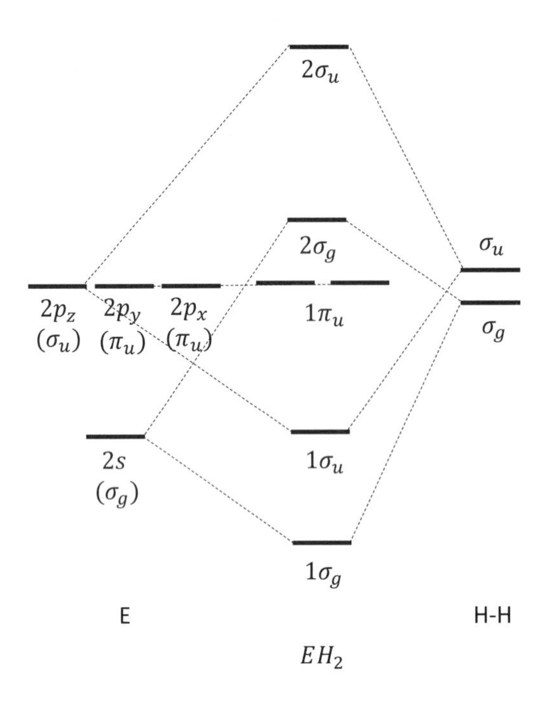

Figura 5.21: Diagrama genérico de orbitais moleculares de moléculas do tipo EH_2 linear.

Agora, considere as moléculas do tipo EH_2 angulares, que pertencem ao grupo pontual C_{2v}.

Se o átomo E for do segundo período, é preciso combinar seus orbitais 2s, $2p_x$, $2p_y$ e $2p_z$ com os dois orbitais do grupo H_2.

Para o grupo pontual C_{2v}, o orbital 2s pertence à espécie de simetria A_1, logo possui simetria a_1. O orbital $2p_z$ também pertence à espécie de simetria A_1, logo possui simetria a_1. O orbital $2p_x$ pertence à espécie de simetria B_1, logo possui simetria b_1. E, por fim, o orbital $2p_y$ pertence à espécie de simetria B_2, logo possui simetria b_2.

Agora, resta determinar as simetrias dos dois orbitais do grupo H_2. A combinação construtiva é simétrica em relação à aplicação de todas as operações de simetria e, portanto, de acordo com a tabela de caracteres, possui simetria a_1. A combinação destrutiva é antissimétrica em relação ao C_2 e ao $\sigma_v(xz)$ e, portanto, possui simetria b_2.

Uma vez determinadas todas as espécies de simetria, combinam-se os orbitais de mesma simetria. Para o caso de moléculas do tipo EH_2 angular, combinam-se os orbitais 2s e $2p_z$ de E com a combinação construtiva do grupo H_2, gerando um orbital molecular ligante $1a_1$, um orbital molecular não ligante $2a_1$ e um orbital molecular antiligante $3a_1$. Combina-se o orbital $2p_y$ de E com a combinação destrutiva do grupo H_2, gerando um orbital molecular ligante $1b_2$ e um orbital molecular antiligante $2b_2$. Como não há orbitais de simetria b_1 para poder combinar com o orbital $2p_x$, ele formará um orbital molecular não ligante.

Assim, pode-se construir o diagrama de orbitais moleculares da molécula do tipo EH_2 angular, que pode ser utilizado para explicar a molécula de água, conforme mostrado na Figura 5.22.

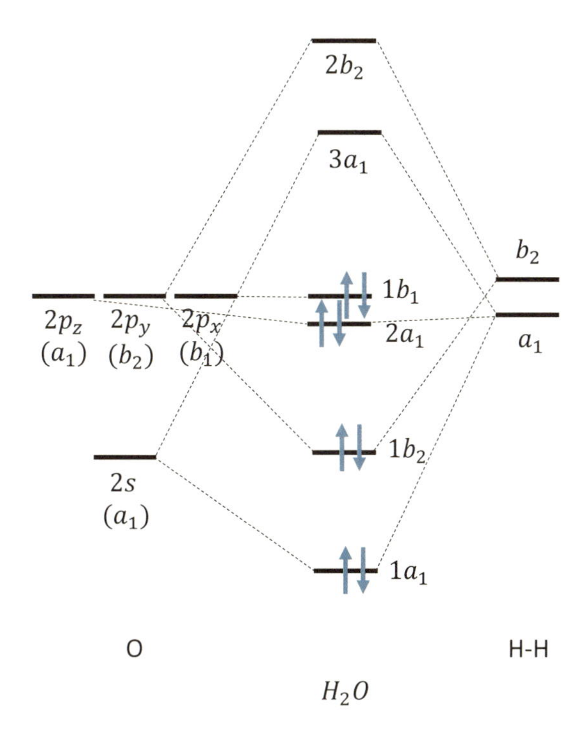

Figura 5.22: Diagrama de orbitais moleculares da água.

Os oito elétrons de valência da água vão ocupar os orbitais moleculares, resultando na distribuição eletrônica $(1a_1)^2(1b_2)^2(2a_1)^2(1b_1)^2$. Note que os orbitais moleculares que correspondem aos pares de elétrons isolados da água não têm a mesma energia.

O diagrama de Walsh das espécies moleculares EH_2 pode ser montado, conforme mostrado na Figura 5.23. A partir dele, pode-se entender por que a molécula BeH_2 é linear e a água é angular.

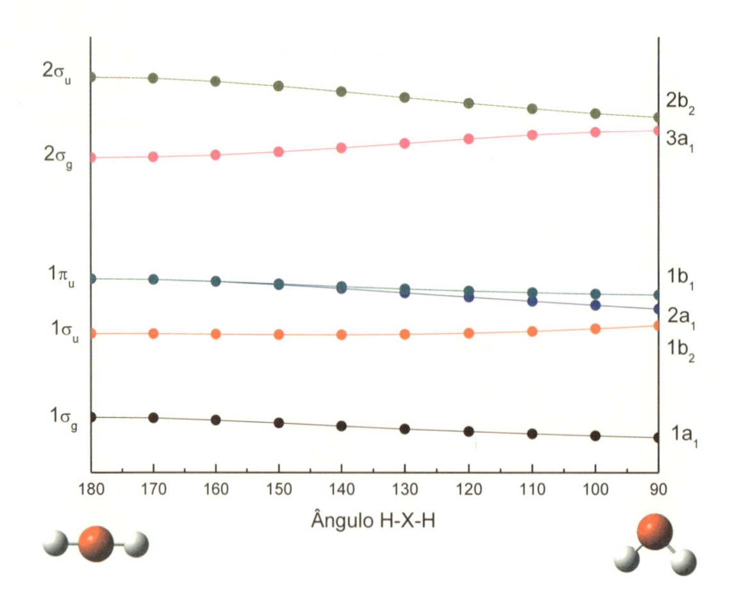

Figura 5.23: Diagrama de Walsh da espécie EH_2.

5.4.3 Moléculas do tipo HX_2

Uma espécie que pertence a esse grupo é o íon $[FHF]^-$. Perceba que, nesse caso, o átomo de hidrogênio será combinado com a espécie F_2. Para o átomo de flúor, a energia do orbital 2s é significativamente diferente da energia do orbital 1s do hidrogênio, e a diferença de energia entre os orbitais 2s e 2p do flúor é suficientemente grande para não considerar a interação entre eles. Desse modo, haverá uma combinação construtiva e uma destrutiva com os orbitais 2s do átomo de flúor que não vão interagir com o orbital 1s do átomo de hidrogênio, mesmo se tivessem simetria adequada. Resta agora montar as combinações entre os orbitais 2p do átomo de flúor. Como cada orbital 2p de um átomo de flúor só pode se combinar com o orbital 2p do mesmo eixo do outro átomo, tem-se uma combinação construtiva de orbitais $2p_z$ e uma combinação destrutiva, e o mesmo é válido para os orbitais $2p_x$ e $2p_y$. A Figura 5.24 mostra essas combinações.

Agora é necessário atribuir a simetria de cada um dos orbitais. O íon $[FHF]^-$ é linear e pertence ao grupo pontual $D_{\infty h}$. Após fazer a atribuição das simetrias e combinar somente os orbitais de mesma simetria, o diagrama de orbitais moleculares pode ser montado.

Para uma abordagem adequada, é necessário classificar as simetrias dos orbitais de acordo com as espécies de simetria do grupo infinito $D_{\infty h}$. No entanto,

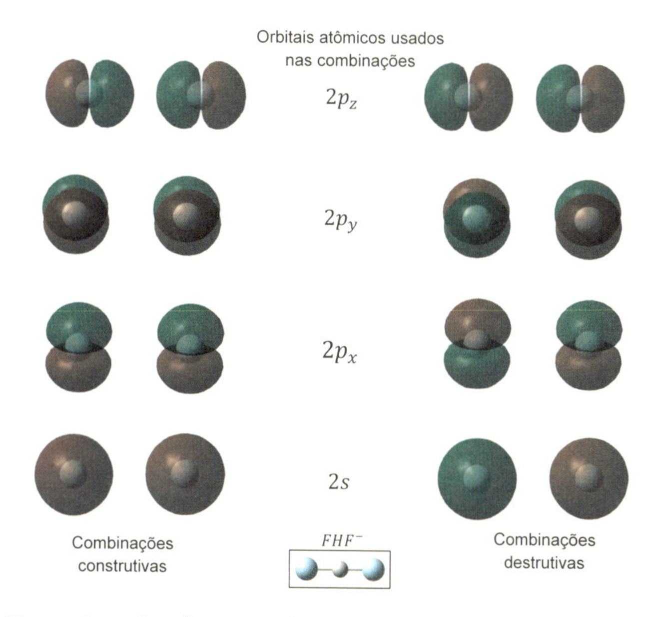

Figura 5.24: Combinações dos orbitais atômicos do grupo X_2.

para facilitar o trabalho e não ter que lidar com grupos infinitos, pode-se utilizar a tabela de caracteres do grupo D_{2h} ao trabalhar com a tabela de caracteres do grupo $D_{\infty h}$, e a tabela de caracteres do grupo C_{2v} ao trabalhar com o grupo $C_{\infty v}$. Elimine os eixos de rotação infinita dos grupos infinitos para verificar que eles podem ser reduzidos aos grupos D_{2h} e C_{2v}. Desse modo, o diagrama de orbitais moleculares do íon $[FHF]^-$, utilizando o grupo pontual D_{2h}, pode ser montado e está esquematizado na Figura 5.25.

Quatro dos seis orbitais de grupo derivados dos orbitais 2p do flúor não interagem com o átomo central e permanecem essencialmente não ligantes, com os pares de elétrons chamados pares isolados. Note que, na TOM, cada um desses "pares isolados" está deslocalizado entre dois átomos de flúor, uma perspectiva diferente daquela proporcionada pelas estruturas Lewis, nas quais esses pares são associados a átomos únicos.

Esse é um exemplo em que se observa uma maior facilidade de explicar um composto pela TOM em relação a sua estrutura de Lewis e à Teoria de Ligação de Valência. Para montar a estrutura de Lewis do íon $[FHF]^-$, seria necessário colocar uma ligação entre o átomo de hidrogênio e cada átomo de flúor. Na estrutura de Lewis, cada ligação é formada por dois elétrons, e, seguindo esse raciocínio, o átomo de hidrogênio teria quatro elétrons a sua volta, o que é fisicamente

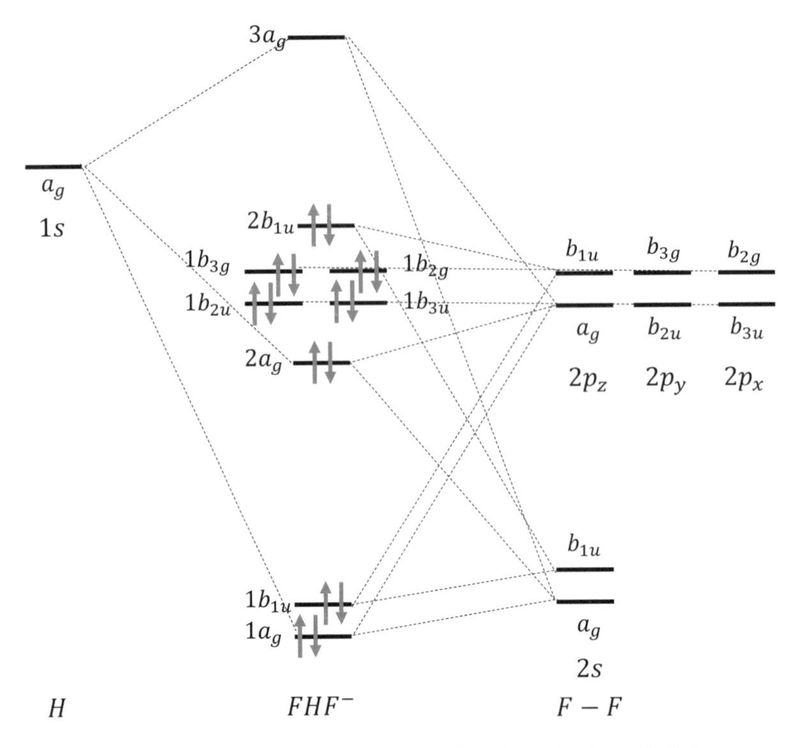

Figura 5.25: Diagrama de orbitais moleculares do íon $[FHF]^-$.

impossível. No entanto, a TOM mostra de forma elegante que dois elétrons se acomodam em um orbital molecular ligante deslocalizado ao longo de toda a molécula, formando a chamada ligação *três centros, dois elétrons.*

Pode-se, ainda, fazer o diagrama de correlação para essa espécie e verificar o que acontece. Não deixe de fazê-lo! Considere, agora, a molécula de CO_2, formada pela combinação do átomo de carbono com o grupo O_2. A combinação do grupo O_2 já foi feita anteriormente, e resta fazer a atribuição da simetria de cada orbital de acordo com o grupo pontual D_{2h}. Por fim, é necessário atribuir a simetria de cada orbital do átomo de carbono e combinar os orbitais com mesma simetria e que possuam energias próximas.

A construção do diagrama de orbitais moleculares pode, então, ser feita, sendo representada na Figura 5.26.

Assim como no íon $[FHF]^-$, os orbitais moleculares do CO_2 são deslocalizados ao longo de toda a molécula e todos formam ligações do tipo 3 centros, 2 elétrons.

O mesmo tratamento pode ser aplicado a outras espécies triatômicas lineares, como CS_2 e OCN^-, e mesmo a espécies poliatômicas mais longas.

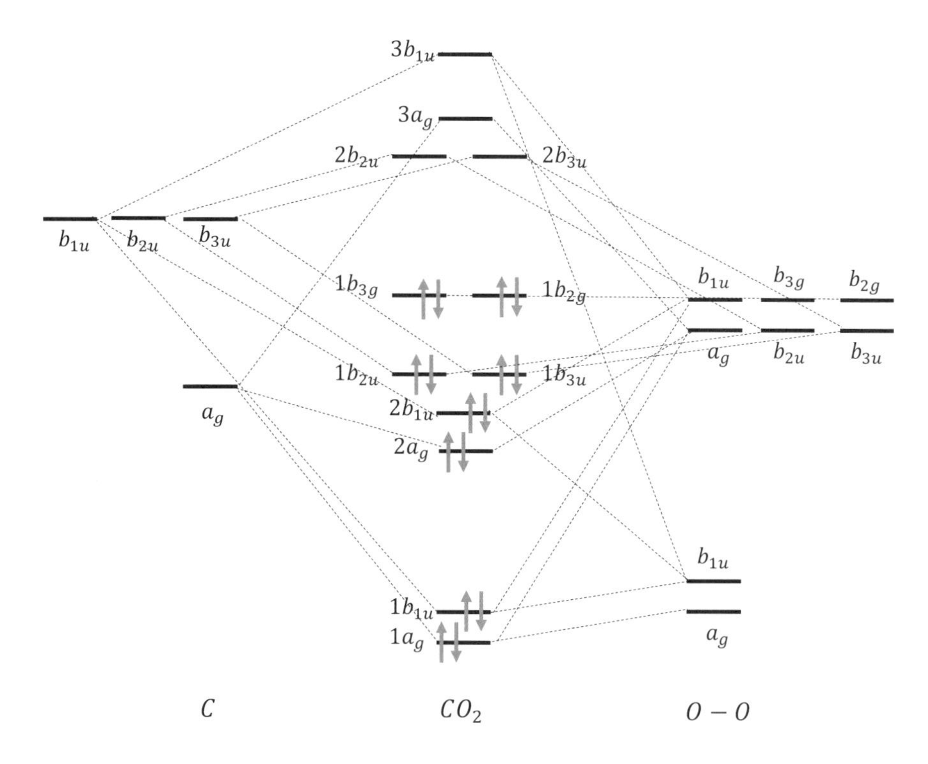

Figura 5.26: Diagrama de orbitais moleculares do CO_2.

5.4.4 Moléculas do tipo EH_3

Espera-se que neste ponto você já esteja *expert* em montar diagramas de orbitais moleculares e já tenha em mente como irá montar o diagrama de orbitais moleculares da amônia.

Primeiramente, observe que a amônia pode ser formada pela combinação de um átomo central N e uma espécie H_3 trigonal. Novamente, o primeiro passo será identificar o grupo pontual da molécula, que é C_{3v}. Agora, é necessário combinar os orbitais 2s, $2p_x$, $2p_y$ e $2p_z$ do átomo de nitrogênio com os três orbitais do grupo H_3. Na Figura 5.18 já havia sido identificado que um dos orbitais do grupo H_3 possui simetria a_1 e os outros dois são degenerados, com simetria e.

O orbital 2s do nitrogênio pertence à espécie de simetria A_1, logo possui simetria a_1. O orbital $2p_z$ também possui simetria a_1. Os orbitais $2p_x$ e $2p_y$ pertencem à espécie de simetria E, logo possuem simetria e.

Uma vez determinadas todas as simetrias, combinam-se os orbitais de mesma simetria. Para a molécula de amônia, serão combinados os orbitais 2s e $2p_z$ do nitrogênio com o orbital a_1 do grupo H_3, gerando um orbital molecular ligante $1a_1$, um orbital molecular não ligante $2a_1$ e um orbital molecular antiligante $3a_1$. Combinam-se os orbitais degenerados $2p_x$ e $2p_y$ do nitrogênio com os orbitais degenerados e do grupo H_3, gerando dois orbitais moleculares ligantes 1e degenerados e dois orbitais moleculares antiligantes 2e degenerados. Assim, pode-se construir o diagrama de orbitais moleculares da amônia, conforme mostrado na Figura 5.27.

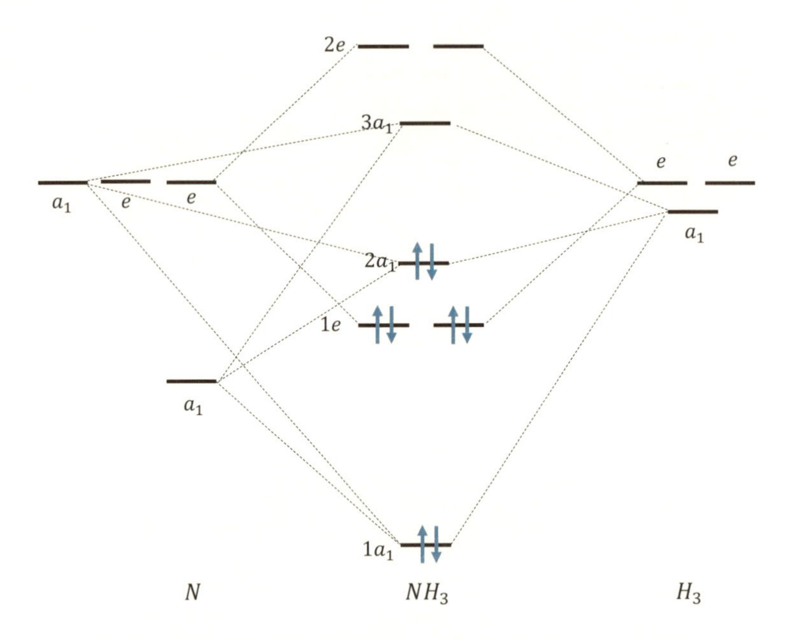

Figura 5.27: Diagrama de orbitais moleculares da amônia.

Veja que o HOMO da amônia é o orbital molecular $2a_1$, não ligante, com energia bem próxima à energia dos orbitais 2p do nitrogênio que, de acordo com a TLV, representaria o par de elétrons isolado da amônia. Isso é coerente, uma vez que, quando a amônia atua como base de Lewis, ela compartilha justamente o par de elétrons isolado, e, usando a TOM, a atuação da amônia como base de Lewis leva à doação do par de elétrons localizado no orbital molecular $2a_1$.

Por completude, monte o diagrama de orbitais moleculares do BH_3, que também é uma molécula do tipo EH_3, e verifique se o diagrama obtido é semelhante ao da Figura 5.28. Note, também, que o BH_3 atua como um ácido de Lewis, por conter um orbital molecular não ligante que pode receber um par de elétrons de uma base de Lewis.

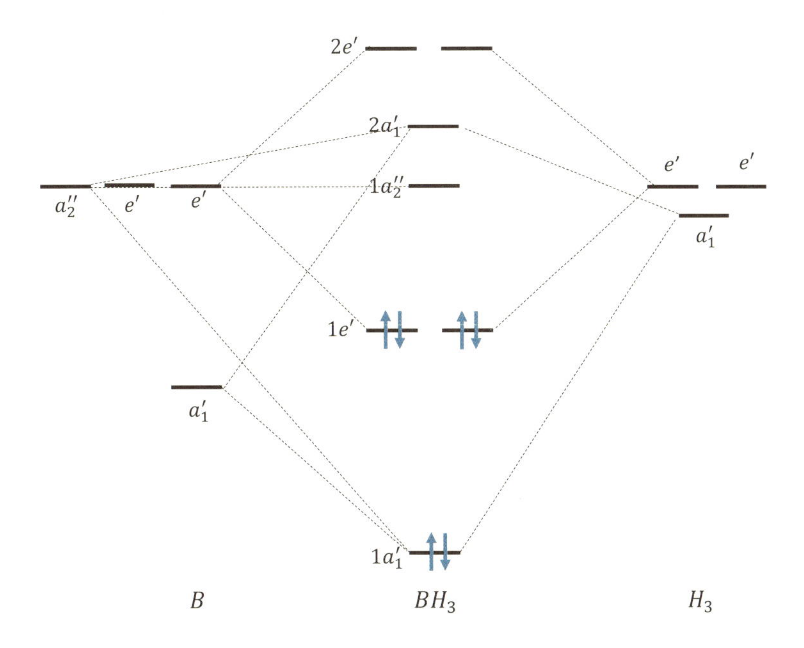

Figura 5.28: Diagrama de orbitais moleculares da molécula BH_3.

5.4.5 Moléculas tetraédricas

A molécula de metano, principal exemplo de molécula pertencente ao grupo pontual T_d, será considerada como formada pelo átomo de carbono central e uma espécie H_4 com geometria tetraédrica.

Construir os orbitais moleculares do grupo H_4 com geometria tetraédrica pode ser um pouco trabalhoso, e para isso será utilizada a ideia vista no capítulo anterior de encontrar uma representação redutível para os átomos de hidrogênio em um tetraedro. Para isso, coloca-se cada átomo de hidrogênio no vértice de um tetraedro e realizam-se as operações de simetria. Então, verifica-se se cada orbital é simétrico, antissimétrico ou se muda de posição em relação à operação. Como a referência são os orbitais s, a única verificação que deve ser feita é se o orbital permanece no lugar (contribuindo com +1 para o caractere da representação redutível) ou se muda de lugar (contribuindo com zero para o caractere da representação redutível).

A operação identidade deixa todos os orbitais 1s no mesmo lugar, portanto contribuem com +4 para a representação redutível. A rotação C_3 deixa somente um orbital 1s no lugar, contribuindo, portanto, com +1 para a representação redutível. As operações C_2 e S_4 mudam a posição de todos os átomos e, consequentemente, contribuem com zero para a representação redutível. Por fim, a operação σ_d deixa dois átomos na mesma posição, contribuindo, portanto, com +2 para a representação redutível.

Finalmente, a representação redutível Γ_{orb} pode ser representada por:

	E	C_3	C_2	S_4	σ_d
Γ_{orb}	4	1	0	0	2

Como Γ_{orb} é uma representação redutível, formada pela soma de 4 espécies de simetria, deve-se achar uma maneira de somar 4 espécies do grupo pontual T_d e obter Γ_{orb}. Perceba, também, que uma das combinações lineares possíveis é todos os orbitais 1s se combinando de forma construtiva nos vértices de um tetraedro, o que gera o orbital molecular pertencente à espécie A_1. A única maneira de combinar 4 espécies de simetria e obter Γ_{orb} é $A_1 + T_2$. Desse modo, combinam-se os orbitais 2s, $2p_x$, $2p_y$ e $2p_z$ do átomo de carbono, que possuem simetria a_1, t_2, t_2, t_2, respectivamente (verifique na tabela de caracteres), com os orbitais a_1 e $3t_2$ gerados dos orbitais do grupo H_4 tetraédrico. A Figura 5.29 mostra a representação dos orbitais do grupo H_4 tetraédrico que serão combinados.

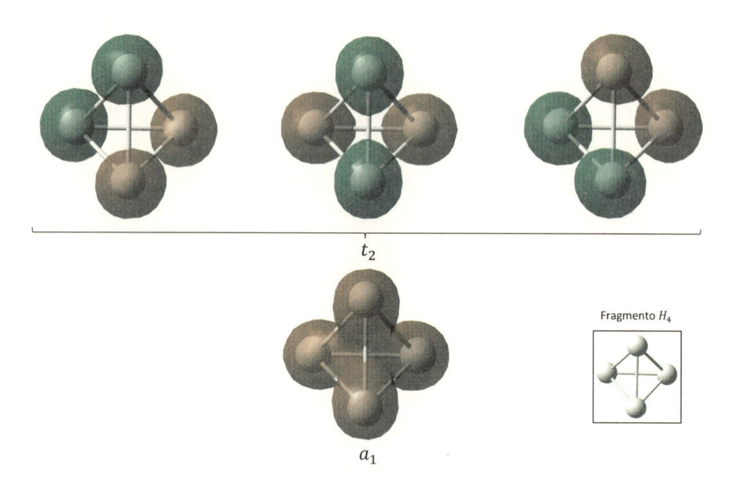

Figura 5.29: Orbitais do grupo H_4 do metano.

O orbital 2s do átomo de carbono vai se combinar com o orbital a_1 dos orbitais do grupo H_4, formando um orbital molecular ligante $1a_1$ e um orbital molecular antiligante $2a_1$. Os três orbitais 2p degenerados se combinarão com os três orbitais t_2 degenerados do grupo H_4, formando: três orbitais moleculares ligantes degenerados $1t_2$ e três orbitais moleculares antiligantes degenerados $2t_2$.

Assim, pode-se construir o diagrama de orbitais moleculares do metano, conforme a Figura 5.30.

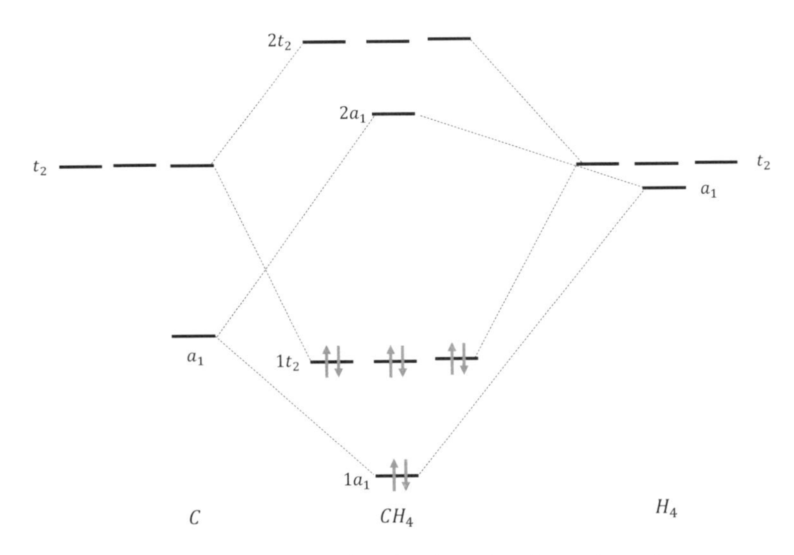

Figura 5.30: Diagrama de orbitais moleculares do metano.

5.4.6 Moléculas do tipo EY_3

Até agora, foram efetuadas combinações do tipo EH_n e EY_2. Para fazer a combinação de orbitais do tipo EY_3, é necessário utilizar a mesma metodologia do metano, colocando os orbitais 2p e 2s do grupo Y_3, e, então, realizando as operações de simetria do grupo pontual correspondente, encontra-se a combinação que gera a representação redutível.

Considere a molécula BF_3. O grupo F_3 é formado pela combinação linear de três orbitais 2s, três orbitais $2p_x$, três orbitais $2p_y$ e três orbitais $2p_z$. A molécula pertence ao grupo pontual D_{3h}. Considere, primeiro, a combinação dos três orbitais 2s, colocando cada um sobre um vértice de um triângulo equilátero. A operação identidade deixa os três orbitais inalterados, contribuindo com +3 para o caractere da representação redutível; a operação C_3 contribui com zero, e assim sucessivamente podemos montar Γ^{2s}_{orb}. Pode-se, também, montar as representações redutíveis para os outros orbitais. Para isso, deve-se escolher adequadamente o eixo z como o eixo perpendicular à molécula, de forma a facilitar o tratamento. A Figura 5.31 mostra uma possível utilização dos orbitais do grupo Y_3 para poder realizar a análise. Ao final, encontram-se as quatro representações redutíveis indicadas a seguir.

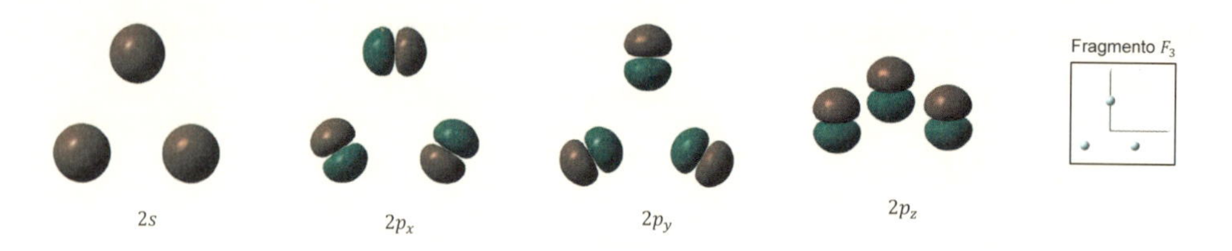

Figura 5.31: Orbitais do grupo Y_3 utilizados para determinar a representação redutível da combinação linear.

	E	C_3	C_2	σ_h	S_3	σ_v
Γ^{2s}_{orb}	3	0	1	3	0	1
$\Gamma^{2p_x}_{orb}$	3	0	−1	3	0	−1
$\Gamma^{2p_y}_{orb}$	3	0	1	3	0	1
$\Gamma^{2p_z}_{orb}$	3	0	−1	−3	0	−1

Deve-se, agora, encontrar a combinação de três espécies de simetria que resultem em cada uma dessas representações irredutíveis. As representações são dadas abaixo.

$$\begin{aligned}\Gamma^{2s}_{orb} &= A_1' + E' \\ \Gamma^{2p_x}_{orb} &= A_2' + E' \\ \Gamma^{2p_y}_{orb} &= A_1' + E' \\ \Gamma^{2p_z}_{orb} &= A_2'' + E''\end{aligned} \tag{5.5}$$

Desse modo, o grupo F_3 é formado por orbitais de simetria $2a_1' + a_2' + a_2'' + 3e' + e''$. As espécies de simetria dos orbitais atômicos do boro podem ser determinadas encontrando-se que o orbital 2s possui simetria a_1', os orbitais $2p_x$ e $2p_y$ possuem simetria e' e o orbital $2p_z$ possui simetria a_2''. A Figura 5.32 mostra a representação esquemática dos orbitais do grupo F_3 com simetria D_{3h}.

Agora, pode-se construir o diagrama de orbitais moleculares, combinando os orbitais de energia semelhante e mesma simetria. O resultado dessa combinação é mostrado na Figura 5.33.

Neste ponto, espera-se que você já seja capaz de montar diagramas de orbitais moleculares completos das moléculas simples estudadas no curso de química geral, utilizando as técnicas vistas até agora.

No entanto, montar diagramas de orbitais moleculares completos pode ser uma perda de tempo se o que se deseja é analisar apenas determinadas ligações em uma molécula. E você deve ter percebido que, aumentando o tamanho da molécula e o tamanho do grupo pontual, o diagrama de orbitais moleculares vai ficando cada vez maior, e montá-los qualitativamente sem o auxílio de um *software* pode se tornar uma tarefa difícil.

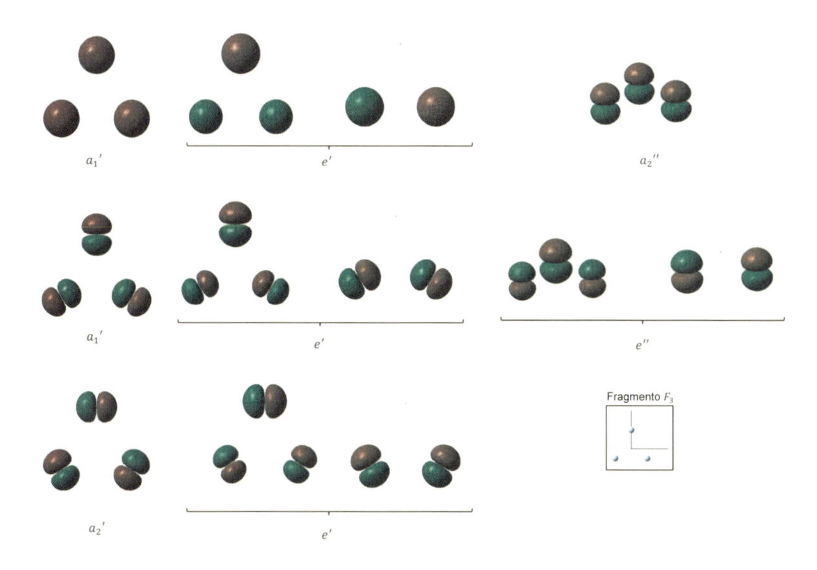

Figura 5.32: Representação esquemática dos orbitais do grupo F_3 com simetria D_{3h}.

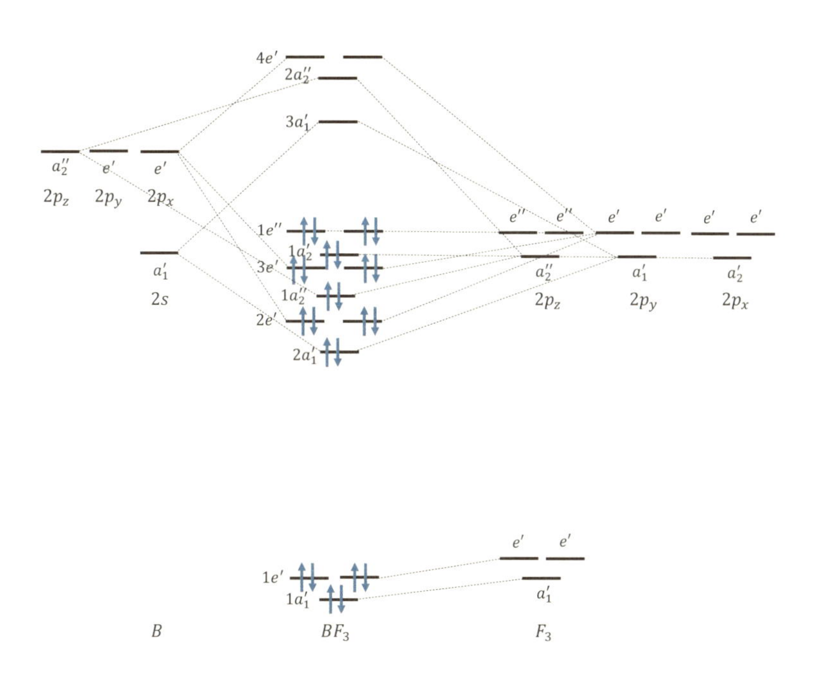

Figura 5.33: Diagrama de orbitais moleculares do BF_3.

Na próxima seção, será estudada a TOM focada em determinados problemas, de forma objetiva, construindo diagramas de orbitais moleculares parciais.

5.5 Diagramas parciais

5.5.1 Ligação π do CO_2

Embora o diagrama de orbitais moleculares do CO_2 tenha sido construído anteriormente, um diagrama de orbitais moleculares parcial será montado analisando somente a ligação π do CO_2.

Sabe-se que os orbitais que contribuem para a formação da ligação π no CO_2 são os orbitais $2p_x$ e $2p_y$. Desse modo, os orbitais $2p_x$ e $2p_y$ do grupo O_2 serão combinações, resultando em dois orbitais π_g e dois orbitais π_u degenerados. Esses orbitais irão interagir com os orbitais $2p_x$ e $2p_y$ do átomo de carbono, de simetria adequada. Os orbitais $2p_x$ e $2p_y$ possuem simetria π_u. Desse modo, formam-se dois orbitais moleculares $1\pi_u$ degenerados ligantes, dois orbitais moleculares $2\pi_u$ degenerados antiligantes e dois orbitais moleculares $1\pi_g$ degenerados não ligantes (que não se combinam com ninguém). O diagrama para essa representação simplificada pode ser visto na Figura 5.34.

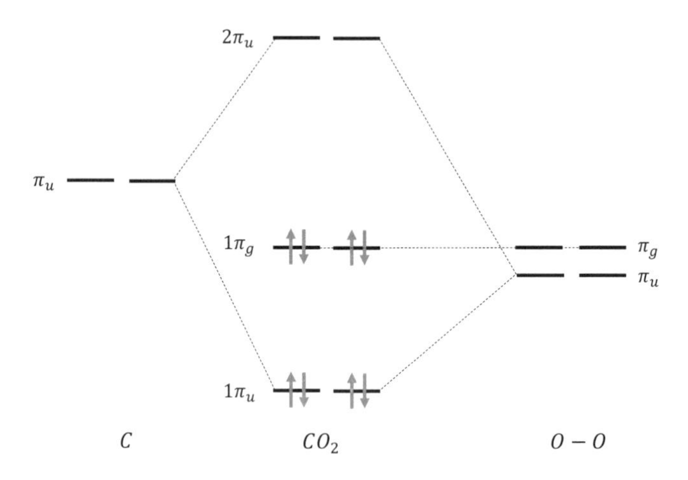

Figura 5.34: Diagrama de orbitais moleculares, simplificado, das ligações π do CO_2.

A ordem de ligação pode ser calculada como $\frac{1}{2}(4-0) = 2$, que é condizente com as duas ligações π encontradas no CO_2.

Caso não tenha encontrado as simetrias dos orbitais do O_2, volte à seção 5.4.3.

5.5.2 Ligação π do NO_3^-

Para explicar a ligação π do íon nitrato era necessário utilizar três estruturas de ressonância. A TOM pode ser utilizada para explicar essa ligação considerando que ela é formada pela combinação do orbital p_z do nitrogênio com os três orbitais p_z dos átomos de oxigênio. Os três orbitais p_z do fragmento O_3 são semelhantes à representação $\Gamma_{orb}^{2p_z}$ do BF_3, resultando em orbitais de simetria a_2'' e e''. O orbital $2p_z$ do átomo de nitrogênio possui simetria a_2''.

Combinando esses orbitais, formam-se um orbital molecular $1a_2''$ ligante, um orbital molecular $2a_2''$ antiligante e dois orbitais moleculares $1e''$ degenerados não ligantes. O diagrama para essa representação simplificada pode ser visto na Figura 5.35.

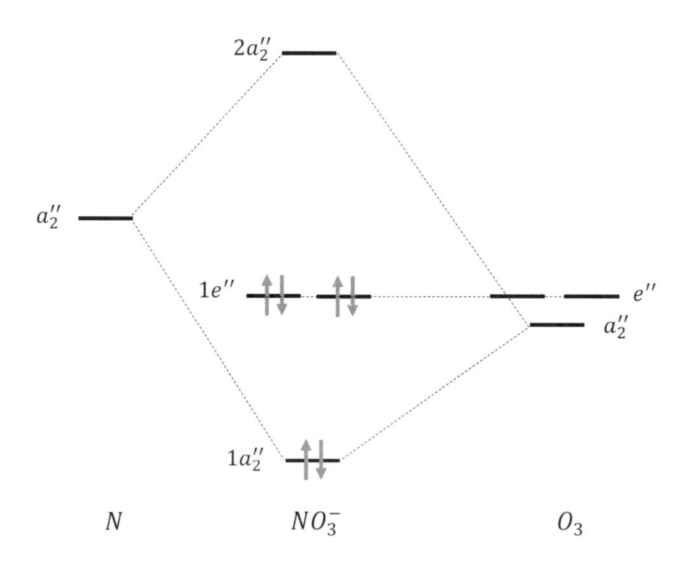

Figura 5.35: Diagrama de orbitais moleculares, simplificado, das ligações π do NO_3^-.

A ordem de ligação pode ser calculada e é $\frac{1}{2}(2-0) = 1$. Isso significa que existe uma ligação π, no orbital a_2'', que está deslocalizada ao longo dos três átomos de oxigênio. Assim, a ordem de ligação π para cada ligação $N-O$ é de $\frac{1}{3}$, que é condizente com a ordem de ligação prevista pela Teoria da Ligação de Valência. As espécies isoeletrônicas $[BO_3]^{3-}$ e $[CO_3]^{2-}$ podem ser tratadas de maneira análoga.

5.5.3 Ligação σ do XeF_2

O XeF_2 é uma molécula linear que pertence ao grupo pontual $D_{\infty h}$. As suas ligações σ podem ser formadas pela combinação dos orbitais 5s e $5p_z$ do átomo de xenônio com a combinação dos orbitais 2s e $2p_z$ dos átomos de flúor. No que diz respeito à energia desses orbitais, os orbitais 5s interagem com os orbitais 2s, formando um orbital molecular ligante e um orbital molecular antiligante, que estão totalmente preenchidos.

O orbital $5p_z$ do átomo de xenônio possui simetria σ_u. A combinação construtiva dos orbitais $2p_z$ do flúor possui simetria σ_g, e a combinação destrutiva possui simetria σ_u. Os dois orbitais σ_u se combinam formando dois orbitais moleculares, um ligante e um antiligante. O orbital σ_g forma um orbital molecular não ligante.

O diagrama para essa representação simplificada pode ser visto na Figura 5.36. Novamente, a ligação sigma é explicada por um orbital molecular ligante deslocalizado sobre toda a molécula, e um orbital não ligante também deslocalizado sobre toda a molécula, podendo o XeF_2 ser descrito em termos de interação 3c – 2e (3 centros, 2 elétrons).

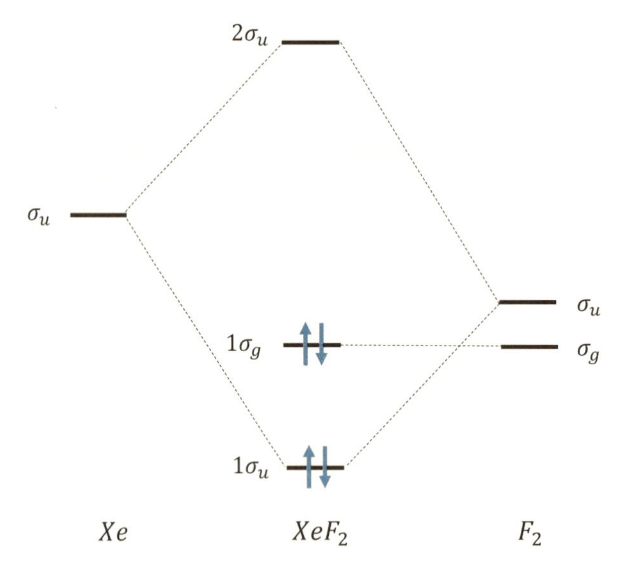

Figura 5.36: Diagrama de orbitais moleculares, simplificado, das ligações σ do XeF_2.

5.5.4 B_2H_6

Essa molécula é o exemplo mais clássico de aplicação com sucesso da Teoria do Orbital Molecular, além de ser o exemplo clássico de ligação de 3c – 2e e também ser um exemplo de hidrogênio em ponte. A estrutura da molécula é mostrada na Figura 5.37.

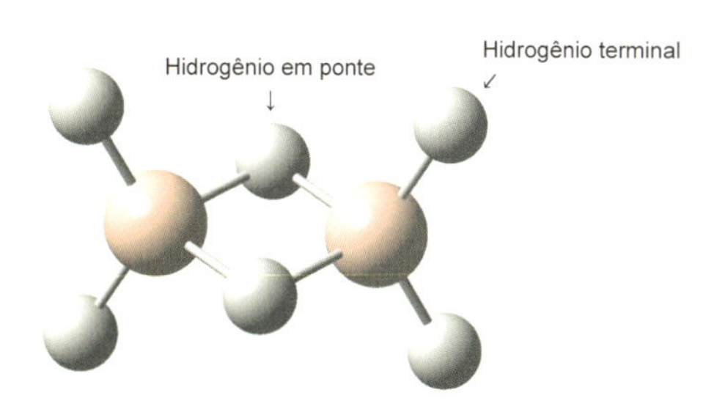

Figura 5.37: Estrutura do B_2H_6.

Para estudar o dímero de BH_3, a molécula será dividida em dois fragmentos, o grupo B_2H_4 e o grupo H_2 (dos hidrogênios em ponte). Considere o grupo H_2. Aplicando as operações de simetria do grupo pontual D_{2h}, encontra-se a seguinte representação redutível:

	E	$C_2(z)$	$C_2(y)$	$C_2(x)$	i	$\sigma(xy)$	$\sigma(xz)$	$\sigma(yz)$
$\Gamma_{orb}^{H_2}$	2	0	0	0	0	2	2	2

Analisando a tabela de caracteres é possível ver que essa representação redutível é obtida pelas representações A_g e B_{3u}. Desse modo, a simetria dos dois orbitais moleculares do grupo H_2 são a_g e b_{3u}.

No que diz respeito ao grupo B_2H_4, há 4 orbitais em cada átomo de boro e 1 orbital em cada átomo de hidrogênio. Portanto, há 12 orbitais moleculares no grupo. No entanto, determinar a forma e a simetria desses 12 orbitais pode ser uma tarefa complicada, mas sinta-se encorajado(a) caso queria encontrar por essa metodologia.

Uma maneira simplificada de analisar a molécula é considerar somente para a ligação B – H – B, e construir um fragmento B – B que irá interagir com o átomo de hidrogênio. Cada átomo de boro possui hibridização sp^3. Portanto, pode-se construir o fragmento B – B combinando dois orbitais híbridos sp^3 dos átomos de boro, fazendo uma combinação construtiva e uma combinação destrutiva. A combinação construtiva possui simetria a_g, e a combinação destrutiva possui simetria b_{3u}. Portanto, o fragmento B – B forma um orbital a_g que irá interagir com o orbital 1s do átomo de hidrogênio, que também tem simetria a_g, formando um orbital molecular ligante e um orbital molecular antiligante. O orbital b_{3u} do fragmento B – B não irá interagir e formará um orbital molecular não ligante.

A Figura 5.38 mostra o diagrama de orbitais moleculares simplificado da ligação 3c – 2e do hidrogênio em ponte da diborana, uma vez que o orbital molecular ligante é um orbital deslocalizado sobre toda a molécula, permitindo uma explicação elegante da formação das diboranas.

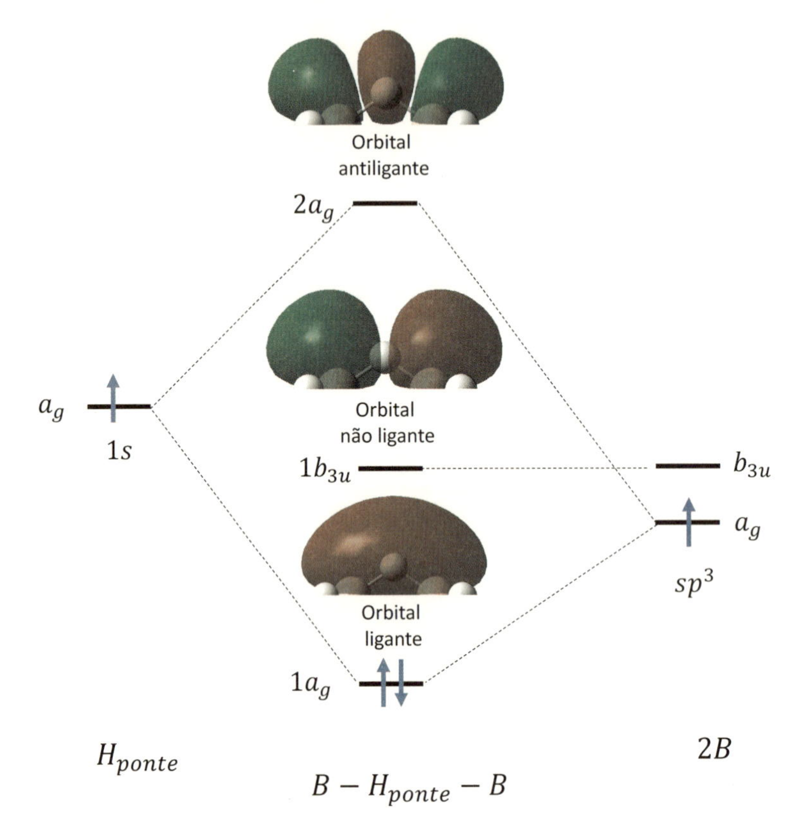

Figura 5.38: Diagrama de orbitais moleculares, simplificado, para explicar a ligação 3c – 2e das diboranas.

5.5.5 SF_6

Para estudar as ligações sigma da molécula de SF_6, deve-se primeiro verificar quais orbitais participarão das interações para então construir os orbitais do grupo F_6 octaédrico. Pode-se interagir, para formar as ligações σ, os orbitais 3s e 3p do átomo de enxofre com os orbitais 2s e 2p do átomo de flúor. A Figura 5.39 mostra os níveis de energia dos elementos do segundo e do terceiro período da tabela periódica, e observa-se que a diferença de energia dos orbitais 2s do flúor com os demais orbitais é grande o suficiente para considerar que eles não vão interagir.

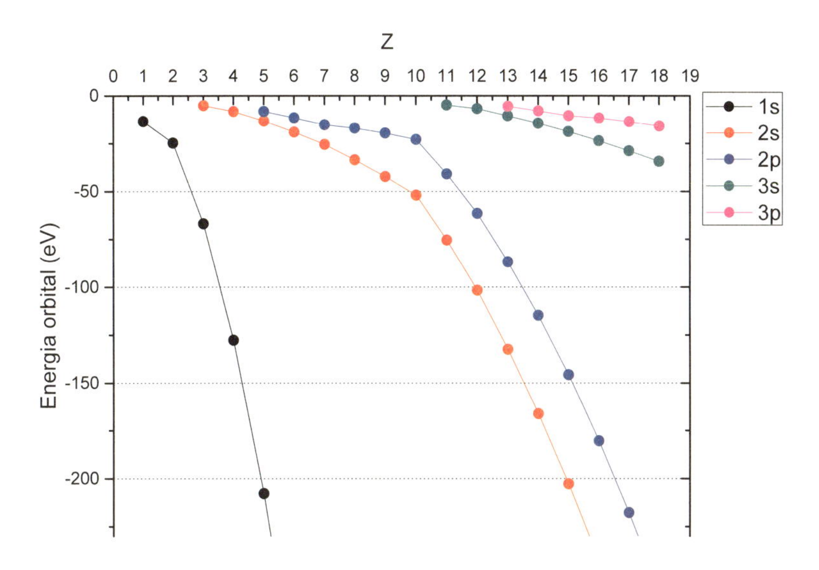

Figura 5.39: Energia dos orbitais atômicos dos elementos do primeiro ao terceiro período da tabela periódica.

Para estudar o grupo F_6 deve-se considerar somente os orbitais 2p adequados de cada átomo de flúor. Para encontrar as simetrias, considere um orbital p_z ao longo de cada ligação, conforme mostrado na Figura 5.40.

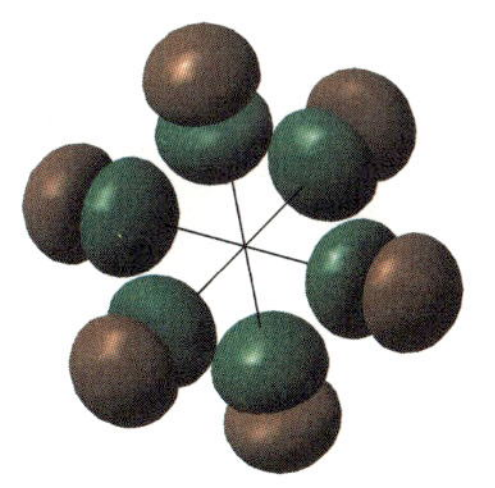

Figura 5.40: Combinação totalmente construtiva de orbitais 2p, ao longo de cada ligação, do fragmento F_6.

Deve-se encontrar, agora, uma representação redutível da aplicação de todas as operações de simetria do grupo O_h sobre a Figura 5.40. A representação encontrada é

	E	$8C_3$	$6C_2$	$6C_4$	$3C_4^2$	i	$6S_4$	$8S_6$	$3\sigma_h$	$6\sigma_d$
Γ_{orb}	6	0	0	2	2	0	0	0	4	2

É preciso, agora, encontrar a combinação de seis espécies de simetria que resulte na representação redutível. Somando $A_{1g} + T_{1u} + E_g$, encontra-se Γ_{orb}. Desse modo, os seis orbitais possuem simetria a_{1g}, e_g e t_{1u}. A Figura 5.41 mostra o formato dos orbitais do grupo F_6.

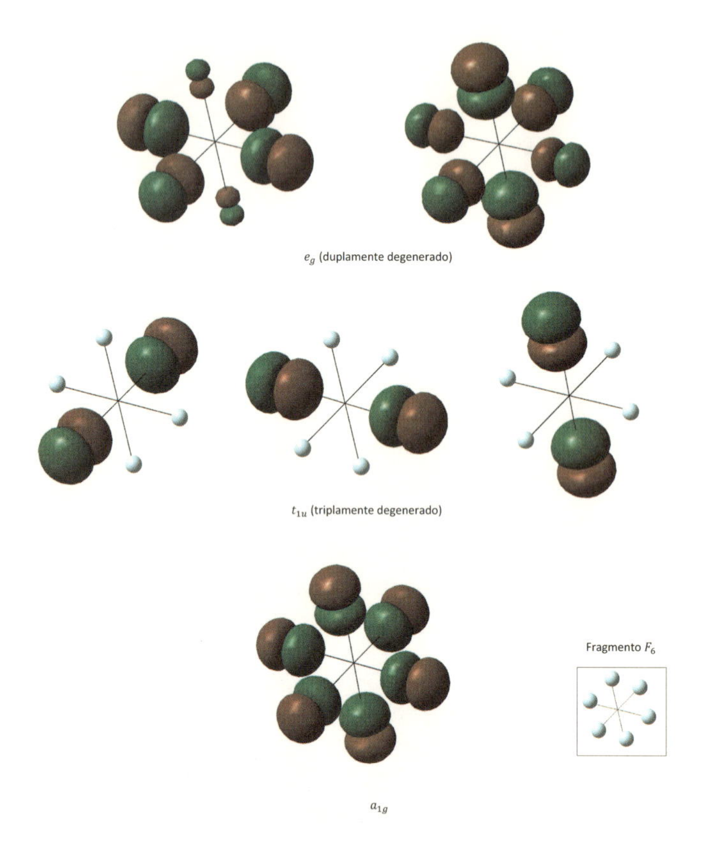

Figura 5.41: Orbitais de grupo para o fragmento F_6 no $SF_6(O_h)$.

O orbital 3s do átomo de enxofre possui simetria a_{1g}, e os orbitais 3p possuem simetria t_{1u}.

Agora, basta combinar os orbitais de mesma simetria, e um diagrama de orbitais moleculares, semelhante ao da Figura 5.42, é construído. A ordem de ligação pode ser calculada, encontrando-se $\frac{1}{2}(8-0)=4$. Como há 6 interações S – F, a ordem de ligação S – F é $\frac{4}{6}=\frac{2}{3}$.

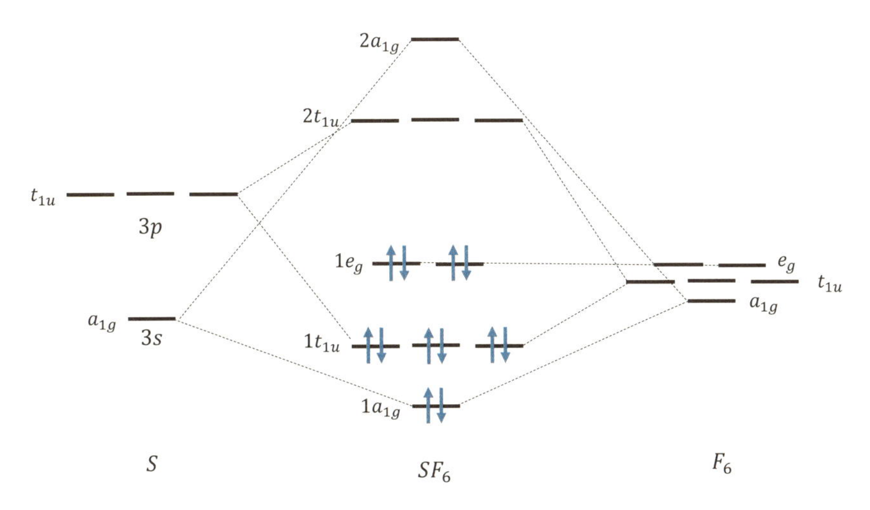

Figura 5.42: Diagrama de orbitais moleculares, simplificado, das ligações σ do SF_6.

Continuar estudando determinadas ligações de determinados compostos iria tornar o texto mais longo, sem acrescentar muitas informações no que diz respeito à TOM. Mas você já deve ter uma boa compreensão de todo o texto, o que lhe permitirá construir, sozinho(a), diagramas de orbitais moleculares qualitativos de moléculas simples, sem precisar enumerá-las aqui.

Provavelmente, você já percebeu o quão complexo pode ficar o diagrama de orbitais moleculares de moléculas médias e grandes, ou até mesmo de moléculas pequenas, quando se deseja considerar todos os orbitais atômicos e todas as possíveis interações.

Felizmente, existem muitos *softwares* de química quântica que realizam cálculos muito precisos de estrutura eletrônica e permitem a construção quantitativa dos orbitais moleculares. No entanto, é extremamente importante que você tenha um bom entendimento dos diagramas qualitativos para poder fazer considerações que, muitas vezes, podem tornar seus cálculos mais rápidos e eficientes.

Por fim, caso deseje se aprofundar no estudo da Teoria do Orbital Molecular, recomenda-se fortemente que consulte as referências indicadas na introdução deste capítulo.

5.6 Exercícios

5.1 – Racionalize a tendência observada nos comprimentos de ligação O-O para as seguintes espécies:

$$O_2\text{: 121 pm;}\quad O_2^+\text{: 112 pm;}\quad O_2^-\text{: 134 pm;}\quad O_2^{2-}\text{: 149 pm.}$$

Quais dessas espécies são paramagnéticas?

5.2 – Construa um diagrama de orbitais moleculares para a molécula CS.

5.3 – Construa um diagrama de correlação para a espécie hipotética H_4 nas geometrias: (a) linear e angular; (b) linear e tetraédrica; e (c) angular e tetraédrica.

5.4 – Construa um diagrama de orbitais moleculares para a molécula hipotética PH_5.

5.5 – Construa um diagrama de orbitais moleculares para o íon N_3^-.

5.6 – Construa um diagrama de orbitais moleculares para a molécula SO_3.

5.7 – Construa um diagrama de orbitais moleculares, simplificado, das ligações π para o íon $[CO_3]^{2-}$.

5.8 – Construa um diagrama simplificado de orbitais moleculares das ligações sigma metal-ligante de complexos octaédricos $[ML_6]^{n+}$ para metais da primeira série de transição.
Dica: os orbitais adaptados por simetria do grupo L_6 são análogos aos orbitais moleculares construídos para o fragmento F_6 no SF_6.
Observação: a diferença de energia entre os orbitais e_g e t_{2g} no diagrama do complexo octaédrico corresponde, na Teoria do Campo Cristalino, a Δ_{oct}.

Respostas e/ou sugestões

Capítulo 1

(1.1) Grupo que contém apenas o elemento E. Utilizando a nomenclatura dos elementos de simetria que será apresentada no capítulo 2, esse é o grupo C_1.
(1.2) O grupo contém os elementos de rotação em 120°, 240° e 360° em relação ao eixo de rotação perpendicular ao triângulo equilátero que passa pelo seu centro. Além disso, contém os elementos de rotação em 180° tendo como eixo de rotação as bissetrizes do triângulo.
Dica: é possível construir a tabela de multiplicação utilizando pontos genéricos no espaço tridimensional, mas, caso você encontre uma figura geométrica que permita representar esse grupo, é possível construí-la e utilizá-la para a montagem da tabela de multiplicação, que facilitará seu trabalho.
(1.3) *Dica*: a tabela a seguir é a tabela de multiplicação do grupo D_{3h}, utilizando a nomenclatura dos elementos de simetria que será apresentada no capítulo 2. Não é preciso mostrar todos os produtos de elementos. Mostre apenas aqueles essenciais para chegar às conclusões necessárias.

	E	C_3	C_3^2	C_2	C_2'	C_2''	σ_h	S_3	S_3^2	σ_v	σ_v'	σ_v''
E	E	C_3	C_3^2	C_2	C_2'	C_2''	σ_h	S_3	S_3^2	σ_v	σ_v'	σ_v''
C_3	C_3	C_3^2	E	C_2''	C_2	C_2'	S_3	S_3^2	σ_h	σ_v''	σ_v	σ_v'
C_3^2	C_3^2	E	C_3	C_2'	C_2''	C_2	S_3^2	σ_h	S_3	σ_v'	σ_v''	σ_v
C_2	C_2	C_2'	C_2''	E	C_3	C_3^2	σ_v	σ_v'	σ_v''	σ_h	S_3	S_3^2
C_2'	C_2'	C_2''	C_2	C_3^2	E	C_3	σ_v'	σ_v''	σ_v	S_3^2	σ_h	S_3
C_2''	C_2''	C_2	C_2'	C_3	C_3^2	E	σ_v''	σ_v	σ_v'	S_3	S_3^2	σ_h
σ_h	σ_h	S_3	S_3^2	σ_v	σ_v'	σ_v''	E	C_3	C_3^2	C_2	C_2'	C_2''
S_3	S_3	S_3^2	σ_h	σ_v''	σ_v	σ_v'	C_3	C_3^2	E	C_2''	C_2	C_2'
S_3^2	S_3^2	σ_h	S_3	σ_v'	σ_v''	σ_v	C_3^2	E	C_3	C_2'	C_2''	C_2
σ_v	σ_v	σ_v'	σ_v''	σ_h	S_3	S_3^2	C_2	C_2'	C_2''	E	C_3	C_3^2
σ_v'	σ_v'	σ_v''	σ_v	S_3^2	σ_h	S_3	C_2'	C_2''	C_2	C_3^2	E	C_3
σ_v''	σ_v''	σ_v	σ_v'	S_3	S_3^2	σ_h	C_2''	C_2	C_2'	C_3	C_3^2	E

(1.4) *Dica*: a seguir está a tabela de multiplicação do grupo D_{3d}, utilizando a nomenclatura dos elementos de simetria que será apresentada no capítulo 2. Não é preciso mostrar todos os produtos de elementos. Mostre apenas aqueles essenciais para chegar às conclusões necessárias.

	E	C_3	C_3^2	C_2	C_2'	C_2''	i	S_6	S_6^5	σ_d	σ_d'	σ_d''
E	E	C_3	C_3^2	C_2	C_2'	C_2''	i	S_6	S_6^5	σ_d	σ_d'	σ_d''
C_3	C_3	C_3^2	E	C_2''	C_2	C_2'	S_6	S_6^5	i	σ_d''	σ_d	σ_d'
C_3^2	C_3^2	E	C_3	C_2'	C_2''	C_2	S_6^5	i	S_6	σ_d'	σ_d''	σ_d
C_2	C_2	C_2'	C_2''	E	C_3	C_3^2	σ_d	σ_d'	σ_d''	i	S_6	S_6^5
C_2'	C_2'	C_2''	C_2	C_3^2	E	C_3	σ_d'	σ_d''	σ_d	S_6^5	i	S_6
C_2''	C_2''	C_2	C_2'	C_3	C_3^2	E	σ_d''	σ_d	σ_d'	S_6	S_6^5	i
i	i	S_6	S_6^5	σ_d	σ_d'	σ_d''	E	C_3	C_3^2	C_2	C_2'	C_2''
S_6	S_6	S_6^5	i	σ_d''	σ_d	σ_d'	C_3	C_3^2	E	C_2''	C_2	C_2'
S_6^5	S_6^5	i	S_6	σ_d'	σ_d''	σ_d	C_3^2	E	C_3	C_2'	C_2''	C_2
σ_d	σ_d	σ_d'	σ_d''	i	S_6	S_6^5	C_2	C_2'	C_2''	E	C_3	C_3^2
σ_d'	σ_d'	σ_d''	σ_d	S_6^5	i	S_6	C_2'	C_2''	C_2	C_3^2	E	C_3
σ_d''	σ_d''	σ_d	σ_d'	S_6	S_6^5	i	C_2''	C_2	C_2'	C_3	C_3^2	E

Capítulo 2

(2.1) As operações de simetria são: identidade (E), rotação de 360°/n, no sentido anti-horário, em torno do eixo (C_n), reflexão (σ), inversão (i) e rotação de 360°/n em torno do eixo seguida de uma reflexão sobre o plano perpendicular ao eixo (S_n). Seus respectivos elementos de simetria são: espaço, eixo de simetria de ordem n, plano de simetria, centro de inversão e eixo de rotação imprópria de ordem n.
(2.2) CO_3^{2-}: D_{3h}; NSF_3: C_{3v}; XeF_4: D_{4h}; PH_3: C_{3v}; HCN: $C_{\infty v}$; SO_3^{2-}: C_{3v}; NHF_2: C_s; PCl_3F_2: D_{3h}; PCl_6^-: O_h; SF_4: C_{2v}; $POCl_3$: C_{3v}; SO_2Cl_2: C_{2v}; SOF_4: C_{2v}.
(2.3) a) $D_{3h} \rightarrow C_{2v} \rightarrow C_{2v}$; b) $C_{3v} \rightarrow C_s \rightarrow C_s$; c) $T_d \rightarrow C_{3v} \rightarrow C_{2v}$; d) Para *cis*-$AB_2X_2$: $D_{4h} \rightarrow C_{2v} \rightarrow C_{2v}$. Para *trans*-$AB_2X_2$: $D_{4h} \rightarrow C_{2v} \rightarrow D_{2h}$.
(2.4)

	E	C_2	σ_{xz}	σ_{yz}
E	E	C_2	σ_{xz}	σ_{yz}
C_2	C_2	E	σ_{yz}	σ_{xz}
σ_{xz}	σ_{xz}	σ_{yz}	E	C_2
σ_{yz}	σ_{yz}	σ_{xz}	C_2	E

(2.5) Utilizando a Eq. (2.1) – e o fato de que $E^{-1} = E$; $C_2^{-1} = C_2$; $\sigma_{xz}^{-1} = \sigma_{xz}$; $\sigma_{yz}^{-1} = \sigma_{yz}$ –, tem-se, para A = E, que:

$$E^{-1}EE = EE = E$$
$$C_2^{-1}EC_2 = C_2C_2 = E$$
$$\sigma_{xz}^{-1}E\sigma_{xz} = \sigma_{xz}\sigma_{xz} = E$$
$$\sigma_{yz}^{-1}E\sigma_{yz} = \sigma_{yz}\sigma_{yz} = E$$

mostrando que o elemento E forma uma classe por si próprio.

Para A = C_2, tem-se que:

$$E^{-1}C_2E = EC_2 = C_2$$
$$C_2^{-1}C_2C_2 = C_2E = C_2$$
$$\sigma_{xz}^{-1}C_2\sigma_{xz} = \sigma_{xz}\sigma_{yz} = C_2$$
$$\sigma_{yz}^{-1}C_2\sigma_{yz} = \sigma_{yz}\sigma_{xz} = C_2$$

mostrando que o elemento C_2 também forma uma classe por si próprio. O mesmo procedimento pode ser realizado para os elementos σ_{xz} e σ_{yz}, mostrando que cada um dos elementos de simetria do grupo pontual C_{2v} pertence a uma classe diferente.

(2.6)

	E	C_3	C_3^2	σ_1	σ_2	σ_3
E	E	C_3	C_3^2	σ_1	σ_2	σ_3
C_3	C_3	C_3^2	E	σ_3	σ_1	σ_2
C_3^2	C_3^2	E	C_3	σ_2	σ_3	σ_1
σ_1	σ_1	σ_2	σ_3	E	C_3	C_3^2
σ_2	σ_2	σ_3	σ_1	C_3^2	E	C_3
σ_3	σ_3	σ_1	σ_2	C_3	C_3^2	E

(2.7) Análogo ao exercício (2.5). Contudo, será possível provar, para o grupo pontual C_{3v}, que os elementos C_3 e C_3^2 formam uma classe, assim como os elementos σ_1, σ_2 e σ_3 formam outra classe.

(2.8) Veja a subseção 2.4.1.

(2.9) Veja a subseção 2.4.2.

(2.10) Moléculas polares: NSF_3, PH_3, HCN, SO_3^{2-}, NHF_2, SF_4, $POCl_3$, SO_2Cl_2, SOF_4. Moléculas apolares: CO_3^{2-}, XeF_4, PCl_3F_2, PCl_6^-. Todas as moléculas são aquirais.

(2.11) a) D_3; b) C_3; c) C_2.

(2.12) a) apolar e quiral; b) polar e quiral; c) polar e quiral.

Capítulo 3

(3.1) Construa as tabelas de caracteres tal qual foram construídas as tabelas dos grupos C_{2v} e C_{3v} na seção 3.4. Podem-se utilizar, na construção, as seguintes moléculas para visualizar os eixos, planos e ângulos que representam cada um dos elementos de simetria: a) trans-1-bromo-2-cloroeteno, Figura 2.9c; b) 1,2-dibromo--1,2-dicloroetano; c) peróxido de hidrogênio, Figura 2.10a; d) trans-$[CoCl_2(en)_2]^+$ em que en = etilenodiamina; e) trioxalatoferrato(III); f) trans-1,2-dicloroeteno, Figura 2.13a.

(3.2)

a)

	E	σ_h
E	E	σ_h
σ_h	σ_h	E

b)

	E	i
E	E	i
i	i	E

c)

	E	C_2
E	E	C_2
C_2	C_2	E

d)

	E	$C_2(x)$	$C_2(y)$	C_{2_z}
E	E	$C_2(x)$	$C_2(y)$	$C_2(z)$
$C_2(x)$	$C_2(x)$	E	$C_2(z)$	$C_2(y)$
$C_2(y)$	$C_2(y)$	$C_2(z)$	E	$C_2(x)$
$C_2(z)$	$C_2(z)$	$C_2(y)$	$C_2(x)$	E

e)

	E	C_4	C_2	C_4^2	$C_2(x)$	$C_2(y)$	$C_2^{'}$	$C_2^{''}$
E	E	C_4	C_2	C_4^3	$C_2(x)$	$C_2(y)$	$C_2^{'}$	$C_2^{''}$
C_4	C_4	C_2	C_4^3	E	$C_2^{'}$	$C_2^{''}$	$C_2(y)$	$C_2(x)$
C_2	C_2	C_4^3	E	C_4	$C_2(y)$	$C_2(x)$	$C_2^{''}$	$C_2^{'}$
C_4^3	C_4^3	E	C_4	C_2	$C_2^{''}$	$C_2^{'}$	$C_2(x)$	$C_2(y)$
$C_2(x)$	$C_2(x)$	$C_2^{''}$	$C_2(y)$	$C_2^{'}$	E	C_2	C_4^3	C_4
$C_2(y)$	$C_2(y)$	$C_2^{'}$	$C_2(x)$	$C_2^{''}$	C_2	E	C_4	C_4^3
$C_2^{'}$	$C_2^{'}$	$C_2(x)$	$C_2^{''}$	$C_2(y)$	C_4	C_4^3	E	C_2
$C_2^{''}$	$C_2^{''}$	$C_2(y)$	$C_2^{'}$	$C_2(x)$	C_4^3	C_4	C_2	E

f)

	E	C_2	σ_h	i
E	E	C_2	σ_h	i
C_2	C_2	E	i	σ_h
σ_h	σ_h	i	E	C_2
i	i	σ_h	C_2	E

Capítulo 4

(4.1) SF_4 gangorra: C_{2v}. $\Gamma_{tot} = 5A_1 + 2A_2 + 4B_1 + 4B_2$. $\Gamma_{trans} = A_1 + B_1 + B_2$. $\Gamma_{rot} = A_2 + B_1 + B_2$. $\Gamma_{vib} = 4A_1 + A_2 + 2B_1 + 2B_2$. Oito modos vibracionais ativos no IV ($4A_1 + 2B_1 + 2B_2$) e nove modos vibracionais ativos no Raman ($4A_1 + A_2 + 2B_1 + 2B_2$).
SF_4 tetraédrico: T_d. $\Gamma_{tot} = A_1 + E + T_1 + 3T_2$. $\Gamma_{trans} = T_2$. $\Gamma_{rot} = T_1$. $\Gamma_{vib} = A_1 + E + 2T_2$. Seis modos vibracionais ativos no IV ($2T_2$, sendo dois conjuntos de três modos triplamente degenerados) e nove modos vibracionais ativos no Raman ($A_1 + E + 2T_2$, sendo dois deles duplamente degenerados e dois conjuntos de três modos triplamente degenerados).
SF_4 quadrado: D_{4h}. $\Gamma_{tot} = A_{1g} + A_{2g} + B_{1g} + B_{2g} + E_g + 2A_{2u} + B_{2u} + 3E_u$. $\Gamma_{trans} = A_{2u} + E_u$. $\Gamma_{rot} = A_{2g} + E_g$. $\Gamma_{vib} = A_{1g} + B_{1g} + B_{2g} + A_{2u} + B_{2u} + 2E_u$. Cinco modos vibracionais ativos no IV ($A_{2u} + 2E_u$, sendo dois conjuntos de dois modos duplamente degenerados) e três modos vibracionais ativos no Raman ($A_{1g} + B_{1g} + B_{2g}$).

Como, experimentalmente, há oito modos vibracionais ativos no IV e nove modos vibracionais ativos no Raman, conclui-se que sua geometria é de gangorra.

(4.2) BF_3 piramidal: C_{3v}. $\Gamma_{tot} = 3A_1 + A_2 + 4E$. $\Gamma_{trans} = A_1 + E$. $\Gamma_{rot} = A_2 + E$. $\Gamma_{vib} = 2A_1 + 2E$. Seis modos vibracionais ativos no IV e no Raman ($2A_1 + 2E$, sendo dois conjuntos de dois modos duplamente degenerados).

BF_3 planar: D_{3h}. $\Gamma_{tot} = A_1' + A_2' + 3E' + 2A_2'' + E''$. $\Gamma_{trans} = E' + A_2''$. $\Gamma_{rot} = A_2' + E''$. $\Gamma_{vib} = A_1' + 2E' + A_2''$. Cinco modos vibracionais ativos no IV ($2E' + A_2''$, sendo dois conjuntos de dois modos duplamente degenerados) e cinco modos vibracionais ativos no Raman ($A_1' + 2E'$, sendo dois conjuntos de dois modos duplamente degenerados).

Como, experimentalmente, há três bandas visíveis no IV e três bandas visíveis no Raman, com uma delas distinta em cada técnica, conclui-se que sua geometria é planar, uma vez que os modos E' duplamente degenerados aparecem no espectro como uma única banda.

Para determinar quais modos normais dessa molécula serão estiramentos BF, considera-se que cada uma das ligações BF seja um estiramento ν_i. Aplicando-se as operações de simetria do grupo pontual D_{3h}, chega-se à representação redutível, obtendo-se: $\Gamma_{BF} = A_1' + E'$.

(4.3) $(\eta^6 - \text{benzeno})Cr(CO)_3$: C_{3v}. $\Gamma_{Cr-CO} = A_1 + E$.

(4.4) Oito átomos: $3 \cdot 8 - 6 = 18$ modos. B_2H_6: D_{2h}. $\Gamma_{B-H_{terminal}} = A_g + B_{2g} + B_{1u} + B_{3u}$.

(4.5) Para o *trans*-$[Pt(Et_2S)_2Cl_2]$: D_{2h}. $\Gamma_{Pt-Cl} = A_g + B_{2u}$. Apenas o modo B_{2u} é ativo no IV.

Para o *cis*-$[Pt(Et_2S)_2Cl_2]$: C_{2v}. $\Gamma_{Pt-Cl} = A_1 + B_2$. Ambos os modos, A_1 e B_2, são ativos no IV.

Dessa forma, o composto que apresentou duas bandas devidas ao estiramento $(Pt - Cl)$ é o *cis* e o outro composto, que apresentou uma única banda devida ao estiramento $(Pt - Cl)$, é o *trans*.

(4.6) Para o *trans*-N_2F_2: C_{2h}. $\Gamma_{tot} = 4A_g + 2B_g + 2A_u + 4B_u$. $\Gamma_{trans} = A_u + 2B_u$. $\Gamma_{rot} = A_g + 2B_g$. $\Gamma_{vib} = 3A_g + A_u + 2B_u$. Três modos vibracionais ativos no IV ($A_u + 2B_u$) e três modos vibracionais ativos no Raman ($3A_g$).

Para o *cis*-N_2F_2: C_{2v}. $\Gamma_{tot} = 4A_1 + 2A_2 + 2B_1 + 4B_2$. $\Gamma_{trans} = A_4 + B_4 + B_2$. $\Gamma_{rot} = A_3 + B_1 + B_2$. $\Gamma_{vib} = 3A_1 + A_2 + 2B_2$. Cinco modos vibracionais ativos no IV ($3A_1 + 2B_2$) e seis modos vibracionais ativos no Raman ($3A_1 + A_2 + 2B_2$).

Pode-se, portanto, distingui-los por medidas de infravermelho e Raman pela quantidade de bandas observadas, uma vez que: (a) no IV, o *trans*-N_2F_2 apresentará três bandas e o *cis*-N_2F_2 apresentará cinco bandas; e (b) no Raman, o *trans*-N_2F_2 apresentará três bandas e o *cis*-N_2F_2 apresentará seis bandas.

Capítulo 5

(5.1) Partindo da distribuição eletrônica do O_2, Figura 5.10, observa-se que os SOMOs do O_2 são orbitais moleculares antiligantes.
A retirada de um elétron do oxigênio molecular, formando a espécie O_2^+, faz com que esse elétron saia de um orbital molecular antiligante, havendo uma maior estabilização da molécula, um aumento da ordem de ligação e, consequentemente, diminuição do comprimento da ligação. Por outro lado, a adição sucessiva de elétrons no oxigênio molecular, formando, respectivamente, as espécies O_2^- e O_2^{2-}, faz com que esses elétrons entrem em orbitais moleculares antiligantes, havendo uma desestabilização da molécula, com diminuição da ordem de ligação, e, consequentemente, aumentando o comprimento da ligação.
(5.2) Combinando apenas os orbitais 2s e 2p do átomo de carbono com os orbitais 3s e 3p do átomo de enxofre, que possuem energias semelhantes – Figura 5.39 –, obtém-se:

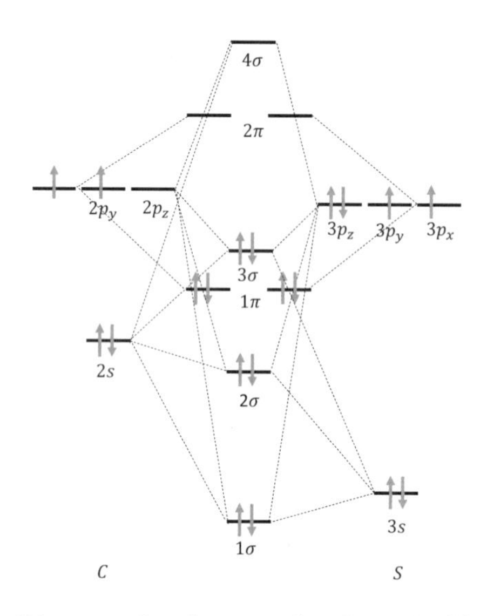

Diagrama de orbitais moleculares do CS.

(5.3) Veja a subseção 5.4.1.
(5.4) PH_5 possui geometria de bipirâmide trigonal e pertence ao grupo pontual D_{3h}. O grupo H_5 é formado pela combinação linear de cinco orbitais 1s dos átomos de hidrogênio. Operando com os elementos do grupo pontual, obtém-se: $\Gamma_{orb}^{5s} = 2A_1' + E' + A_2''$. Do átomo de fósforo, são os orbitais 3s e 3p que possuem energias semelhantes às do átomo de hidrogênio – Figura 5.39 –, portanto, que se combinarão com o grupo H_5, resultando no diagrama:

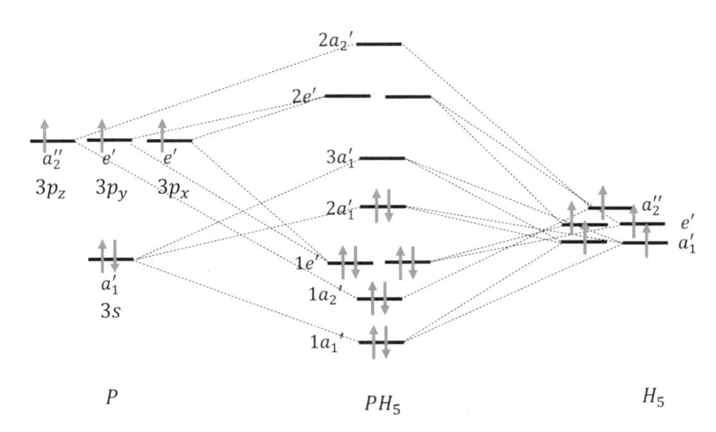

Diagrama de orbitais moleculares do PH_5.

(5.5) Análogo ao CO_2. Veja a subseção 5.4.3.
(5.6) Análogo ao BF_3. Veja a subseção 5.4.6.
(5.7) Análogo ao NO_3^-. Veja a subseção 5.5.2.
(5.8)

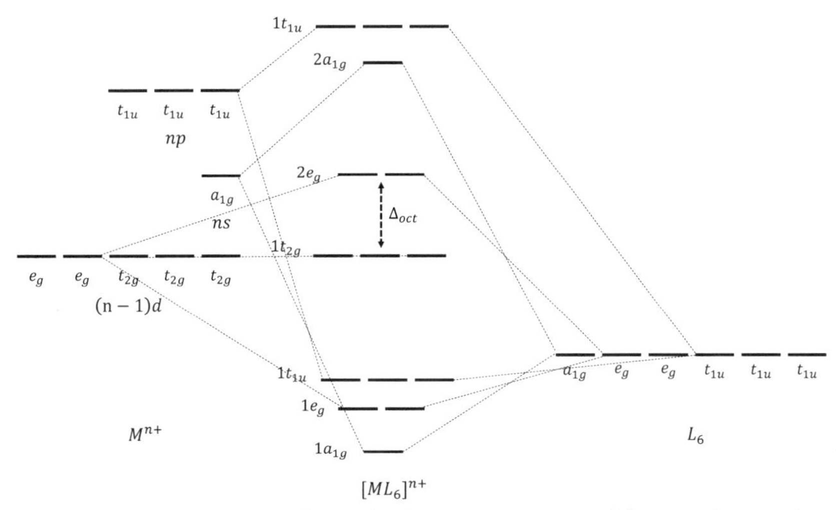

Diagrama de orbitais moleculares das ligações sigma metal-ligante de complexos octaédricos $[ML_6]^{n+}$ para metais da primeira série de transição.

Tabelas de caracteres

Encontram-se, neste apêndice, algumas das principais tabelas de caracteres. Para mais tabelas de caracteres, vários livros podem ser consultados; entre eles: Cotton (1990), Oliveira (2009) e Atkins & Friedman (2010).

Grupos não axiais

C_1 (h = 1)	E
A_1	1

Tabela 1: Tabela de caracteres do grupo pontual C_1.

C_s (h = 2)	E	σ_h		
A′	1	1	x, y, R_z	x^2, y^2, z^2, xy
A″	1	−1	z, R_x, R_y	xz, yz

Tabela 2: Tabela de caracteres do grupo pontual C_s.

C_i (h = 2)	E	i		
A_g	1	1	R_x, R_y, R_z	x^2, y^2, z^2, xy, xz, yz
A_u	1	−1	x, y, z	

Tabela 3: Tabela de caracteres do grupo pontual C_i.

Grupos C_n

C_2 (h = 2)	E	C_2		
A	1	1	z, R_z	x^2, y^2, z^2, xy
B	1	−1	x, y, R_x, R_y	xz, yz

Tabela 4: Tabela de caracteres do grupo pontual C_2.

C_3 (h = 3)	E	C_3	C_3^2		$\varepsilon = \exp(2\pi i/3)$
A	1	1	1	z, R_z	$x^2 + y^2, z^2$
E	1	ε	$-\varepsilon$	$(x, y)\ (R_x, R_y)$	$(x^2 - y^2, 2xy)\ (xz, yz)$
	1	$-\varepsilon$	ε		

Tabela 5: Tabela de caracteres do grupo pontual C_3.

C_4 (h = 4)	E	C_4	C_2	C_4^3		
A	1	1	1	1	z, R_z	$x^2 + y^2, z^2$
B	1	−1	1	−1		$x^2 - y^2, 2xy$
E	1	i	−1	−i	$(x, y)\ (R_x, R_y)$	(xz, yz)
	1	−i	−1	i		

Tabela 6: Tabela de caracteres do grupo pontual C_4.

Grupos D_n

D_2 (h = 4)	E	$C_2(z)$	$C_2(y)$	$C_2(x)$		
A	1	1	1	1		x^2, y^2, z^2
B_1	1	1	−1	−1	z, R_z	xy
B_2	1	−1	1	−1	y, R_y	xz
B_3	1	−1	−1	1	x, R_x	yz

Tabela 7: Tabela de caracteres do grupo pontual D_2.

D_3 (h = 6)	E	$2C_3$	$3C_2$		
A_1	1	1	1		$x^2 + y^2, z^2$
A_2	1	1	−1	z, R_z	
E	2	−1	0	(x, y) (R_x, R_y)	$(x^2 - y^2, 2xy)$ (xz, yz)

Tabela 8: Tabela de caracteres do grupo pontual D_3.

D_4 (h = 8)	E	$2C_4$	$C_2(= C_4^2)$	$2C_2'$	$2C_2''$		
A_1	1	1	1	1	1		$x^2 + y^2, z^2$
A_2	1	1	1	−1	−1	z, R_z	
B_1	1	−1	1	1	−1		$x^2 - y^2$
B_2	1	−1	1	−1	1		xy
E	2	0	−2	0	0	(x, y) (R_x, R_y)	(xz, yz)

Tabela 9: Tabela de caracteres do grupo pontual D_4.

D_5 (h = 10)	E	$2C_5$	$2C_5^2$	$5C_2$		
A_1	1	1	1	1		$x^2 + y^2, z^2$
A_2	1	1	1	−1	z, R_z	
E_1	2	2cos 72°	2cos 144°	0	$(x, y), (R_x, R_y)$	(xz, yz)
E_2	2	2cos 144°	2cos 72°	0		$(x^2 - y^2, 2xy)$

Tabela 10: Tabela de caracteres do grupo pontual D_5.

D_6 (h = 12)	E	$2C_6$	$2C_3$	C_2	$3C_2'$	$3C_2''$		
A_1	1	1	1	1	1	1		$x^2 + y^2, z^2$
A_2	1	1	1	1	−1	−1	z, R_z	
B_1	1	−1	1	−1	1	−1		
B_2	1	−1	1	−1	−1	1		
E_1	2	1	−1	−2	0	0	$(x, y), (R_x, R_y)$	(xz, yz)
E_2	2	−1	−1	2	0	0		$(x^2 - y^2, 2xy)$

Tabela 11: Tabela de caracteres do grupo pontual D_6.

Grupos C_{nv}

C_{2v} (h = 4)	E	C_2	$\sigma_v(xz)$	$\sigma_v'(yz)$		
A_1	1	1	1	1	z	x^2, y^2, z^2
A_2	1	1	–1	–1	R_z	xy
B_1	1	–1	1	–1	x, R_y	xz
B_2	1	–1	–1	1	y, R_x	yz

Tabela 12: Tabela de caracteres do grupo pontual C_{2v}.

C_{3v} (h = 6)	E	$2C_3$	$3\sigma_v$		
A_1	1	1	1	z	x^2+y^2, z^2
A_2	1	1	–1	R_z	
E	2	–1	0	(x, y),(R_x, R_y)	($x^2 - y^2$, xy),(xz, yz)

Tabela 13: Tabela de caracteres do grupo pontual C_{3v}.

C_{4v} (h = 8)	E	$2C_4$	C_2	$2\sigma_v$	$2\sigma_d$		
A_1	1	1	1	1	1	z	$x^2 + y^2, z^2$
A_2	1	1	1	–1	–1	R_z	
B_1	1	–1	1	1	–1		$x^2 - y^2$
B_2	1	–1	1	–1	1		xy
E	2	0	–2	0	0	(x, y),(R_x, R_y)	(xz, yz)

Tabela 14: Tabela de caracteres do grupo pontual C_{4v}.

C_{5v} (h = 10)	E	$2C_5$	$2C_5^2$	$5\sigma_v$		
A_1	1	1	1	1	z	$x^2 + y^2, z^2$
A_2	1	1	1	–1	R_z	
E_1	2	$2\cos\alpha$	$2\cos 2\alpha$	0	(x, y) (R_x, R_y)	(xz, yz)
E_2	2	$2\cos 2\alpha$	$2\cos\alpha$	0		($x^2 - y^2$, xy)

Tabela 15: Tabela de caracteres do grupo pontual C_{5v}.

C_{6v} (h = 12)	E	$2C_6$	$2C_3$	C_2	$3\sigma_v$	$3\sigma_d$		
A_1	1	1	1	1	1	1	z	$x^2 + y^2, z^2$
A_2	1	1	1	1	–1	–1	R_z	
B_1	1	–1	1	–1	1	–1		
B_2	1	–1	1	–1	–1	1		
E_1	2	1	–1	–2	0	0	(x, y) (R_x, R_y)	(xz, yz)
E_2	2	–1	–1	2	0	0		$(x^2 - y^2, xy)$

Tabela 16: Tabela de caracteres do grupo pontual C_{6v}.

Grupos C_{nh}

C_{2h} (h = 4)	E	C_2	i	σ_h		
A_g	1	1	1	1	R_z	x^2, y^2, z^2, xy
B_g	1	–1	1	–1	R_x, R_y	xz, yz
A_u	1	1	–1	–1	z	
B_u	1	–1	–1	1	x, y	

Tabela 17: Tabela de caracteres do grupo pontual C_{2h}.

C_{3h} (h = 6)	E	C_3	C_3^2	sigma_h	S_3	S_3^5		$\varepsilon = \exp(2\pi i/3)$
A′	1	1	1	1	1	1	R_z	$x^2 + y^2, z^2$
E′	1	ε	ε^*	1	ε	ε^*	(x, y)	$(x^2 - y^2, 2xy)$
	1	ε^*	ε	1	ε^*	ε		
A″	1	1	1	–1	–1	–1	z	
E″	1	ε	ε^*	–1	$-\varepsilon$	$-\varepsilon^*$	(R_x, R_y)	(xz, yz)
	1	ε^*	ε	–1	$-\varepsilon^*$	$-\varepsilon$		

Tabela 18: Tabela de caracteres do grupo pontual C_{3h}.

C_{4h} (h = 8)	E	C_4	C_2	C_4^3	i	S_4^3	σ_h	S_4		
A_g	1	1	1	1	1	1	1	1	R_z	$x^2 + y^2, z^2$
B_g	1	−1	1	−1	1	−1	1	−1		$(x^2 - y^2, 2xy)$
E_g	1	i	−1	−i	1	i	−1	−i	(R_x, R_y)	(xz, yz)
	1	−i	−1	i	1	−i	−1	i		
A_u	1	1	1	1	−1	−1	−1	−1	z	
B_u	1	−1	1	−1	−1	1	−1	1		
E_u	1	i	−1	−i	−1	−i	1	i	(x, y)	
	1	−i	−1	i	−1	i	1	−i		

Tabela 19: Tabela de caracteres do grupo pontual C_{4h}.

Grupos D_{nh}

D_{2h} (h = 8)	E	$C_2(z)$	$C_2(y)$	$C_2(x)$	i	$\sigma(xy)$	$\sigma(xz)$	$\sigma(yz)$		
A_g	1	1	1	1	1	1	1	1		x^2, y^2, z^2
B_{1g}	1	1	−1	−1	1	1	−1	−1	R_z	xy
B_{2g}	1	−1	1	−1	1	−1	1	−1	R_y	xz
B_{3g}	1	−1	−1	1	1	−1	−1	1	R_x	yz
A_u	1	1	1	1	−1	−1	−1	−1		
B_{1u}	1	1	−1	−1	−1	−1	1	1	z	
B_{2u}	1	−1	1	−1	−1	1	−1	1	y	
B_{3u}	1	−1	−1	1	−1	1	1	−1	x	

Tabela 20: Tabela de caracteres do grupo pontual D_{2h}.

D_{3h} (h = 12)	E	$2C_3$	$3C_2$	σ_h	$2S_3$	$3\sigma_v$		
A_1'	1	1	1	1	1	1		$x^2 + y^2, z^2$
A_2'	1	1	−1	1	1	−1	R_z	
E'	2	−1	0	2	−1	0	(x, y)	$(x^2 - y^2, 2xy)$
A_1''	1	1	1	−1	−1	−1		
A_2''	1	1	−1	−1	−1	1	z	
E''	2	−1	0	−2	1	0	(R_x, R_y)	(xz, yz)

Tabela 21: Tabela de caracteres do grupo pontual D_{3h}.

D_{4h} (h = 16)	E	$2C_4$	C_2	$2C_2'$	$2C_2''$	i	$2S_4$	σ_h	$2\sigma_v$	$2\sigma_d$		
A_{1g}	1	1	1	1	1	1	1	1	1	1		x^2+y^2, z^2
A_{2g}	1	1	1	–1	–1	1	1	1	–1	–1	R_z	
B_{1g}	1	–1	1	1	–1	1	–1	1	1	–1		x^2-y^2
B_{2g}	1	–1	1	–1	1	1	–1	1	–1	1		xy
E_g	2	0	–2	0	0	2	0	–2	0	0	(R_x, R_y)	(xz, yz)
A_{1u}	1	1	1	1	1	–1	–1	–1	–1	–1		
A_{2u}	1	1	1	–1	–1	–1	–1	–1	1	1	z	
B_{1u}	1	–1	1	1	–1	–1	1	–1	–1	1		
B_{2u}	1	–1	1	–1	1	–1	1	–1	1	–1		
E_u	2	0	–2	0	0	–2	0	2	0	0	(x, y)	

Tabela 22: Tabela de caracteres do grupo pontual D_{4h}.

D_{5h} (h = 20)	E	$2C_5$	$2C_5^2$	$5C_2$	σ_h	$2S_5$	$2S_5^3$	$5\sigma_v$		
A_1'	1	1	1	1	1	1	1	1		x^2+y^2, z^2
A_2'	1	1	1	–1	1	1	1	–1	R_z	
E_1'	2	2cos 72°	2cos 144°	0	2	2cos 72°	2cos 144°	0	(x, y)	
E_2'	2	2cos 144°	2cos 72°	0	2	2cos 144°	2cos 72°	0		$(x^2-y^2, 2xy)$
A_1''	1	1	1	1	–1	–1	–1	–1		
A_2''	1	1	1	–1	–1	–1	–1	1	z	
E_1''	2	2cos 72°	2cos 144°	0	–2	–2cos 72°	–2cos 144°	0	(R_x, R_y)	(xz, yz)
E_2''	2	2cos 144°	2cos 72°	0	–2	–2cos 144°	–2cos 72°	0		

Tabela 23: Tabela de caracteres do grupo pontual D_{5h}.

D_{6h} (h = 24)	E	$2C_6$	$2C_3$	C_2	$3C'_2$	$3C''_2$	i	$2S_3$	$2S_6$	σ_h	$3\sigma_d$	$3\sigma_v$		
A_{1g}	1	1	1	1	1	1	1	1	1	1	1	1		x^2+y^2, z^2
A_{2g}	1	1	1	1	−1	−1	1	1	1	1	−1	−1	R_z	
B_{1g}	1	−1	1	−1	1	−1	1	−1	1	−1	1	−1		
B_{2g}	1	−1	1	−1	−1	1	1	−1	1	−1	−1	1		
E_{1g}	2	1	−1	−2	0	0	2	1	−1	−2	0	0	(R_x, R_y)	(xz, yz)
E_{2g}	2	−1	−1	2	0	0	2	−1	−1	2	0	0		$(x^2-y^2, 2xy)$
A_{1u}	1	1	1	1	1	1	−1	−1	−1	−1	−1	−1		
A_{2u}	1	1	1	1	−1	−1	−1	−1	−1	−1	1	1	z	
B_{1u}	1	−1	1	−1	1	−1	−1	1	−1	1	−1	1		
B_{2u}	1	−1	1	−1	−1	1	−1	1	−1	1	1	−1		
E_{1u}	2	1	−1	−2	0	0	−2	−1	1	2	0	0	(x, y)	
E_{2u}	2	−1	−1	2	0	0	−2	1	1	−2	0	0		

Tabela 24: Tabela de caracteres do grupo pontual D_{6h}.

Grupos D_{nd}

D_{2d} (h = 8)	E	$2S_4$	C_2	$2C'_2$	$2\sigma_d$		
A_1	1	1	1	1	1		x^2+y^2, z^2
A_2	1	1	1	−1	−1	R_z	
B_1	1	−1	1	1	−1		x^2-y^2
B_2	1	−1	1	−1	1	z	xy
E	2	0	−2	0	0	$(x, y), (R_x, R_y)$	(xz, yz)

Tabela 25: Tabela de caracteres do grupo pontual D_{2d}.

D_{3d} (h = 12)	E	$2C_3$	$3C_2$	i	$2S_6$	$3\sigma_d$		
A_{1g}	1	1	1	1	1	1		x^2+y^2, z^2
A_{2g}	1	1	−1	1	1	−1	R_z	
E_g	2	−1	0	2	−1	0	(R_x, R_y)	$(x^2-y^2, 2xy), (xz, yz)$
A_{1u}	1	1	1	−1	−1	−1		
A_{2u}	1	1	−1	−1	−1	1	z	
E_u	2	−1	0	−2	1	0	(x, y)	

Tabela 26: Tabela de caracteres do grupo pontual D_{3d}.

D_{4d} (h = 16)	E	$2S_8$	$2C_4$	$2S_8^3$	C_2	$4C_2'$	$4\sigma_d$		
A_1	1	1	1	1	1	1	1		$x^2 + y^2, z^2$
A_2	1	1	1	1	1	–1	–1	R_z	
B_1	1	–1	1	–1	1	1	–1		
B_2	1	–1	1	–1	1	–1	1	z	
E_1	2	$\sqrt{2}$	0	$-\sqrt{2}$	–2	0	0	(x, y)	
E_2	2	0	–2	0	2	0	0		$(x^2 - y^2, 2xy)$
E_3	2	$-\sqrt{2}$	0	$\sqrt{2}$	–2	0	0	(R_x, R_y)	(xz, yz)

Tabela 27: Tabela de caracteres do grupo pontual D_{4d}.

D_{5d} (h = 20)	E	$2C_5$	$2C_5^2$	$5C_2$	i	$2S_{10}^3$	$2S_{10}$	$5\sigma_d$		
A_{1g}	1	1	1	1	1	1	1	1		$x^2 + y^2, z^2$
A_{2g}	1	1	1	–1	1	1	1	–1	R_z	
E_{1g}	2	2cos 72°	2cos 144°	0	2	2cos 72°	2cos 144°	0	(R_x, R_y)	(xz, yz)
E_{2g}	2	2cos 144°	2cos 72°	0	2	2cos 144°	2cos 72°	0		$(x^2 - y^2, 2xy)$
A_{1u}	1	1	1	1	–1	–1	–1	–1		
A_{2u}	1	1	1	–1	–1	–1	–1	1	z	
E_{1u}	2	2cos 72°	2cos 144°	0	–2	–2cos 72°	–2cos 144°	0	(x, y)	
E_{2u}	2	2cos 144°	2cos 72°	0	–2	–2cos 144°	–2cos 72°	0		

Tabela 28: Tabela de caracteres do grupo pontual D_{5d}.

D_{6d} (h = 24)	E	$2S_{12}$	$2C_6$	$2S_4$	$2C_3$	$2S_{12}^5$	C_2	$6C_2'$	$6\sigma_d$		
A_1	1	1	1	1	1	1	1	1	1		$x^2 + y^2, z^2$
A_2	1	1	1	1	1	1	1	–1	–1	R_z	
B_1	1	–1	1	–1	1	–1	1	1	–1		
B_2	1	–1	1	–1	1	–1	1	–1	1	z	
E_1	2	$\sqrt{3}$	1	0	–1	$-\sqrt{3}$	–2	0	0	(x, y)	
E_2	2	1	–1	–2	–1	1	2	0	0		$(x^2 - y^2, 2xy)$
E_3	2	0	–2	0	2	0	–2	0	0		
E_4	2	–1	–1	2	–1	–1	2	0	0		
E_5	2	$-\sqrt{3}$	1	0	–1	$\sqrt{3}$	–2	0	0	(R_x, R_y)	(xz, yz)

Tabela 29: Tabela de caracteres do grupo pontual D_{6d}.

Grupos S_{2n}

S_4 (h = 4)	E	C_4	C_2	C_4^3		
A	1	1	1	1	z, R_z	x^2+y^2, z^2
B	1	−1	1	−1		$x^2-y^2, 2xy$
E	1	i	−1	−i	(x,y) (R_x,R_y)	(xz,yz)
	1	−i	−1	i		

Tabela 30: Tabela de caracteres do grupo pontual S_4.

S_6 (h = 6)	E	C_3	C_3^2	i	S_6^5	S_6	$\varepsilon=\exp(2\pi i/3)$	
A_g	1	1	1	1	1	1	R_z	x^2+y^2, z^2
E_g	1	ε	ε^*	1	ε	ε^*	(R_x,R_y)	$(x^2-y^2, 2xy)$ (xz,yz)
	1	ε^*	ε	1	ε^*	ε		
A_u	1	1	1	−1	−1	−1	z	
E_u	1	ε	ε^*	1	$-\varepsilon$	$-\varepsilon^*$	(x,y)	
	1	ε^*	ε	1	$-\varepsilon^*$	$-\varepsilon$		

Tabela 31: Tabela de caracteres do grupo pontual S_6.

Grupos cúbicos

T (h = 12)	E	$4C_3$	$4C_3^2$	$3C_2$		$\varepsilon=\exp(2\pi i/3)$
A	1	1	1	1		$x^2+y^2+z^2$
E	1	ε	ε^*	1		$\left(2z^2-x^2-y^2, \sqrt{3}(x^2-y^2)\right)$
	1	ε^*	ε	1		
T	3	0	0	−1	(x,y,z) (R_x,R_y,R_z)	(xy,xz,yz)

Tabela 32: Tabela de caracteres do grupo pontual T.

T_d (h = 24)	E	$8C_3$	$3C_2$	$6S_4$	$6\sigma_d$		
A_1	1	1	1	1	1		$x^2+y^2+z^2$
A_2	1	1	1	−1	−1		
E	2	−1	2	0	0		$\left(2z^2-x^2-y^2, \sqrt{3}(x^2-y^2)\right)$
T_1	3	0	−1	1	−1	(R_x,R_y,R_z)	
T_2	3	0	−1	−1	1	(x,y,z)	(xy,xz,yz)

Tabela 33: Tabela de caracteres do grupo pontual T_d.

T_h (h = 24)	E	$4C_3$	$4C_3^2$	$3C_2$	i	$4S_6$	$4S_6^5$	$3\sigma_d$		$\varepsilon = \exp(2\pi i/3)$
A_g	1	1	1	1	1	1	1	1		$x^2 + y^2 + z^2$
E_g	1	ε	ε^*	1	1	ε	ε^*	1		$(2z^2 - x^2 - y^2, \sqrt{3}(x^2 - y^2))$
	1	ε^*	ε	1	1	ε^*	ε	1		
T_g	3	0	0	−1	3	0	0	−1	(R_x, R_y, R_z)	(xy, xz, yz)
A_u	1	1	1	1	−1	−1	−1	−1		
E_u	1	ε	ε^*	1	−1	$-\varepsilon$	$-\varepsilon^*$	−1		
	1	ε^*	ε	1	−1	$-\varepsilon^*$	$-\varepsilon$	−1		
T_u	3	0	0	−1	−3	0	0	1	(x, y, z)	

Tabela 34: Tabela de caracteres do grupo pontual T_h.

O (h = 24)	E	$8C_3$	$3C_2$	$6C_4$	$6C_2'$		
A_1	1	1	1	1	1		$x^2 + y^2 + z^2$
A_2	1	1	1	−1	−1		
E	2	−1	2	0	0		$(2z^2 - x^2 - y^2, \sqrt{3}(x^2 - y^2))$
T_1	3	0	−1	1	−1	(x, y, z) (R_x, R_y, R_z)	
T_2	3	0	−1	−1	1		(xy, xz, yz)

Tabela 35: Tabela de caracteres do grupo pontual O.

O_h (h = 48)	E	$8C_3$	$6C_2$	$6C_4$	$3C_4^2$	i	$6S_4$	$8S_6$	$3\sigma_h$	$6\sigma_d$		
A_{1g}	1	1	1	1	1	1	1	1	1	1		$x^2 + y^2 + z^2$
A_{2g}	1	1	−1	−1	1	1	−1	1	1	−1		
E_g	2	−1	0	0	2	2	0	−1	2	0		$(2z^2 - x^2 - y^2, \sqrt{3}(x^2 - y^2))$
T_{1g}	3	0	−1	1	−1	3	1	0	−1	−1	(R_x, R_y, R_z)	
T_{2g}	3	0	1	−1	−1	3	−1	0	−1	1		(xy, xz, yz)
A_{1u}	1	1	1	1	1	−1	−1	−1	−1	−1		
A_{2u}	1	1	−1	−1	1	−1	1	−1	−1	1		
E_u	2	−1	0	0	2	−2	0	1	−2	0		
T_{1u}	3	0	−1	1	−1	−3	−1	0	1	1	(x, y, z)	
T_{2u}	3	0	1	−1	−1	−3	1	0	1	−1		

Tabela 36: Tabela de caracteres do grupo pontual O_h.

Grupos infinitos

$C_{\infty v}$	E	$2C_{\infty}^{\phi}$	$\cdots$	$\infty\sigma_v$		
Σ^+	1	1	$\cdots$	1	z	$x^2 + y^2, +z^2$
Σ^-	1	1	$\cdots$	−1	R_z	
Π	2	$2\cos\phi$	$\cdots$	0	(x, y) (R_x, R_y)	(xz, yz)
Δ	2	$2\cos 2\phi$	$\cdots$	0		$(x^2 - y^2, 2xy)$
Φ	2	$2\cos 3\phi$	$\cdots$	0		
$\vdots$	$\vdots$	$\vdots$	$\vdots$	$\vdots$		

Tabela 37: Tabela de caracteres do grupo pontual $C_{\infty v}$.

$D_{\infty h}$	E	$2C_{\infty}^{\phi}$	$\cdots$	$\infty\sigma_v$	i	$2S_{\infty}^{\phi}$	$\cdots$	∞C_2		
Σ_g^+	1	1	$\cdots$	1	1	1	$\cdots$	1		$x^2 + y^2, +z^2$
Σ_g^-	1	1	$\cdots$	−1	1	1	$\cdots$	−1	R_z	
Π_g	2	$2\cos\phi$	$\cdots$	0	2	$-2\cos\phi$	$\cdots$	0	(R_x, R_y)	(xz, yz)
Δ_g	2	$2\cos 2\phi$	$\cdots$	0	2	$2\cos 2\phi$	$\cdots$	0		$(x^2 - y^2, 2xy)$
$\vdots$	$\vdots$	$\vdots$	$\vdots$	$\vdots$	$\vdots$	$\vdots$	$\vdots$	$\vdots$		
Σ_u^+	1	1	$\cdots$	1	−1	−1	$\cdots$	−1	z	
Σ_u^-	1	1	$\cdots$	−1	−1	−1	$\cdots$	1		
Π_u	2	$2\cos\phi$	$\cdots$	0	−2	$2\cos\phi$	$\cdots$	0	(x, y)	
Δ_u	2	$2\cos 2\phi$	$\cdots$	0	−2	$-2\cos 2\phi$	$\cdots$	0		
$\vdots$	$\vdots$	$\vdots$	$\vdots$	$\vdots$	$\vdots$	$\vdots$	$\vdots$	$\vdots$		

Tabela 38: Tabela de caracteres do grupo pontual $D_{\infty h}$.

Referências bibliográficas

AMETA, R. & AMETA, S.C. *Chemical Applications of Symmetry and Group Theory.* Toronto, Apple Academic Press, 2016.

ATKINS, P. & FRIEDMAN, R. *Molecular Quantum Mechanics.* 5. ed. New York, Oxford University Press Inc., 2010.

ATKINS, P. & DE PAULA, J. *Físico-Química*, vol. 1. 10. ed. Rio de Janeiro, LTC, 2018.

______. *Físico-Química*, vol. 2. 10. ed. Rio de Janeiro, LTC, 2018.

BASSALO, J.M.F. & CATTANI, M.S.D. *Teoria de Grupos.* 2. ed. São Paulo, Editora Livraria da Física, 2008.

BISHOP, D.M. *Group Theory and Chemistry.* Toronto, Dover Publications, 1993.

BONCHEV, D. & ROUVRAY, D.H. *Chemical Group Theory – Introduction and Fundamentals.* Philadelphia, Gordon and Breach Science Publishers, 1994.

COTTON, F.A. *Chemical Applications of Group Theory.* 3. ed. Hoboken, Wiley--Interscience, 1990.

CURTIS, C.W. *Pioneers of Representation Theory: Frobenius, Burnside, Schur, and Brauer*, History of Mathematics, vol. 15. London, American Mathematical Society and London Mathematical Society, 1999.

FAZZIO, A. & WATARI, K. *Introdução à Teoria de Grupos aplicada em moléculas e sólidos.* 2. ed. Santa Maria, Editora da Universidade Federal de Santa Maria, 2009.

HALLIDAY, D.; RESNICK, R. & WALKER, J. *Fundamentals of Physics.* 10. ed. Hoboken, Wiley, 2013.

HELGAKER, T.; OLSEN, J. & JORGENSEN, P. *Molecular Electronic-Structure Theory.* Chichester, John Wiley & Sons, 2013.

HOUSECROFT, C. & SHARPE, A.C. *Inorganic Chemistry*. 4. ed. London, Pearson, 2012.

JACOBS, P. *Group Theory with Applications in Chemical Physics*. New York, Cambridge University Press, 2005.

KEELER, J. & WOTHERS, P. *Chemical Structure and Reactivity: An Integrated Approach*. 2. ed. Oxford, Oxford University Press, 2013.

KEELER, J. *Why Chemical Reactions Happen*. Oxford, Oxford University Press, 2003.

KUNJU, A.S. & KRISHNAN, G. *Group Theory and its Applications in Chemistry*. Delhi, PHI Learning, 2015.

LADD, M. *Symmetry and Group theory in Chemistry*, Horwood Chemical Science Series. West Sussex, Woodhead Publishing, 1998.

LEVINE, I. *Molecular Spectroscopy*. New York, Wiley, 1975.

______. *Quantum Chemistry*. 7. ed. Upper Saddle River, Pearson Education, 2013.

MCQUARRIE, D.A.; SIMON, J.D. & CHOI, J. *Physical Chemistry: A Molecular Approach*. Melville, University Science Books, 1997.

MCWEENY, R. *Symmetry: An Introduction to Group Theory and Its Applications*. New York, Dover Publications, 2002.

MIESSLER, G.L.; FISCHER, P.J. & TARR, D.A. *Inorganic Chemistry*. 5. ed. Upper Saddle River, Pearson, 2013.

OLIVEIRA, G.M. *Simetria de moléculas e cristais: Fundamentos da Espectroscopia Vibracional*. Porto Alegre, Bookman, 2009.

SZABO, A. & OSTLUND, N.S. *Modern Quantum Chemistry*. New York, McGraw Hill, 1982.

SHRIVER, D.F. & ATKINS, P. *Inorganic Chemistry*. 2. ed. New York, OUP Oxford, 1994.

______. *Inorganic Chemistry*. 3. ed. New York, OUP Oxford, 1999.

TUNG, W. *Group Theory In Physics: An Introduction To Symmetry Principles, Group Representations, And Special Functions In Classical And Quantum Physics*. Singapore, World Scientific Publishing, 1985.

VINCENT, A. & VINCENT, T. *Molecular Symmetry and Group Theory: A Programmed Introduction to Chemical Applications*. 2. ed. Chichester, Wiley, 2001.

WALTON, P.H. *Beginning Group Theory for Chemistry.* Oxford, Oxford University Press, 1998.
WOIT, P. *Quantum Theory, Groups and Representations: An Introduction.* Cham, Springer International Publishing, 2017.
WOODWARD, L.A. *Introduction to the theory of molecular vibrations and vibrational spectroscopy.* Oxford, Oxford University Press, 1972.

Softwares

Chemissian 4.51 – <https://www.chemissian.com/>

Gaussian 09 – <http://gaussian.com/>

GaussView 5.0 – <http://gaussian.com/>

GeoGebra Classic 6 – <https://www.geogebra.org/>

GIMP 2.10 – <https://www.gimp.org/>

Jmol 14.28 – <http://jmol.sourceforge.net/>

MatLab R2014a – <https://www.mathworks.com/>

OriginPro 8.0 – <https://www.originlab.com/>

Wolfram Mathematica 11.3 – <https://www.wolframalpha.com/>

Título	Introdução à simetria molecular
Autores	Guilherme de Souza Tavares de Morais Regina Buffon
Coordenador editorial	Ricardo Lima
Secretário gráfico	Ednilson Tristão
Preparação dos originais	Ana Paula Candelária
Revisão	Laís Souza Toledo Pereira
Editoração eletrônica	Guilherme de Souza Tavares de Morais
Design de capa original	Ana Basaglia
Adaptação da capa para esta edição	Editora da Unicamp
Formato	16 x 23 cm
Papel	Avena 80 g/m^2 – miolo Cartão supremo 250 g/m^2 – capa
Tipologia	Garamond Premier Pro
Número de páginas	168

ESTA OBRA FOI IMPRESSA NA GRÁFICA CS
PARA A EDITORA DA UNICAMP EM JUNHO DE 2024.

MISTO
Papel produzido a partir de fontes responsáveis
FSC® C122682